Die Präzisionsbestimmung von Gitterkonstanten nach der asymmetrischen Methode

Von

Dr. chem. M. Straumanis und Dr. chem. techn. A. Ieviņš
a. o. Professor Dozent
an der Universität Lettlands zu Riga

Mit 36 Abbildungen im Text

Berlin
Verlag von Julius Springer
1940

ISBN-13: 978-3-642-89388-9 e-ISBN-13: 978-3-642-91244-3
DOI: 10.1007/978-3-642-91244-3

Vorwort.

Die Möglichkeit einer breiten Anwendbarkeit der röntgenographischen Untersuchungsmethoden zur Lösung vieler Aufgaben auf den verschiedensten Gebieten der Wissenschaft und Technik hatte eine schnelle Entwicklung dieser Methoden zur Folge. In den letzten Jahrzehnten wurden nicht nur neue Untersuchungsmethoden gefunden, sondern es wurde auch die Präzision so mancher Methode auf das jetzt Höchstmögliche gesteigert. Hierher gehört eine der präzisesten Meßmethoden überhaupt, nämlich die Bestimmung der Gitterkonstanten mit Hilfe von Röntgenstrahlen. Die Genauigkeit der entsprechenden Methoden ist in den letzten 20 Jahren etwa 10000fach gestiegen, und es eröffnen sich deshalb neue Gebiete, die mit Erfolg mit Hilfe dieser verfeinerten Methoden erforscht werden können. Besonders ist hier das Drehkristallverfahren zu erwähnen, das eine Reihe von Vorzügen gegenüber dem Pulververfahren besitzt und diesem trotzdem an Genauigkeit nicht nachsteht. Eine noch breitere Anwendungsmöglichkeit steht dieser Methode deshalb bevor.

In vorliegendem Buch ist eine genaue Anleitung der Präzisionsbestimmung von Gitterkonstanten nach der „asymmetrischen" Methode gegeben. Die Genauigkeit der Methode ist hoch und nähert sich schon der, mit welcher von SIEGBAHN die Konstanten des Kalkspates, Quarzes, Gipses, Glimmers u. a. bestimmt wurden. Wie zu einer so hohen Genauigkeit zu gelangen ist, ist in vorliegendem Buche eingehend beschrieben. Die Anleitung ist für alle die gedacht, die sich mit der Präzisionsbestimmung von Gitterkonstanten befassen wollen oder die in diesem Gebiet schon arbeiten, den Weg der höchstmöglichen Genauigkeit jedoch noch nicht betreten haben. Dementsprechend enthält das Buch alles, einschließlich ausgerechneter Beispiele, was zu einer solchen Arbeit nötig wäre. Selbstverständlich kann die Methode auch zu verschiedenen Arbeiten geringerer Genauigkeit gebraucht werden.

Weiter wurde beim Abfassen durchweg darauf achtgegeben, daß die gebrauchten Methoden, Apparate und Handgriffe so eingehend beschrieben wären, daß dem Leser eine „Neuentdeckung" dieser erspart bliebe. Auch für den Fall, daß kein geschulter Mechaniker zur Verfügung steht, sind im Buche einige Fingerzeige zur Selbstherstellung der Kameras zu finden. Der Kundige muß diese Weitläufigkeiten leider in Kauf nehmen.

Über die Grundbegriffe der Röntgenographie und die Physik der Röntgenstrahlen ist jedoch im Buche nichts zu finden, und man muß das Nötige aus den bekannten Lehrbüchern von GLOCKER, HALLA-MARK, SIEGBAHN, WYCKOFF, CLARK, BIJVOET-KOLKMEIJER u. a. schöpfen.

Die asymmetrische Methode ist in Riga in den Jahren 1933—1939, hauptsächlich im Analytischen Laboratorium der Universität Lettlands, dem das Röntgenstrahlen-Laboratorium angegliedert ist, ausgearbeitet worden. Die Untersuchungen wurden unterstützt: von der Chemischen Fakultät der Universität, dem Forschungsfond der Universität, der Chemischen Gesellschaft, dem Kulturfond Lettlands und dem Rockefeller-Fond. Allen diesen Instituten sowie auch den Herren MELLIS, KARLSONS, ENCE und STAHL, die sich mit der Entwicklung der Methode beschäftigt haben, der Verlagsbuchhandlung Julius Springer und besonders Herrn Dr. ROSBAUD sei bestens gedankt.

Riga, im Dezember 1939.

Analytisches Laboratorium
der Universität Lettlands.

Die Verfasser.

Inhaltsverzeichnis.

Inhaltsverzeichnis.

Geschichtlicher Überblick.

Durch die Entdeckung der Beugung der Röntgenstrahlen an Pulvern im Jahre 1915 durch P. DEBYE und P. SCHERRER[1] (auch durch A. W. HULL 1916[2]) wurde der Bestimmung von Gitterkonstanten einer ungeheueren Zahl von Stoffen der Weg geebnet. Zwar war die Genauigkeit dieser Bestimmung zu Anfang gering (etwa $\pm 2\%$), stieg aber mit der Zeit ununterbrochen[3]. Mit der Bestimmung der Gitterkonstanten beschäftigten sich zu derselben Zeit auch BRAGG, VEGARD, BIJL, KOLKMEIJER, kamen jedoch nicht zu höherer Genauigkeit als $\pm 0{,}1$ Å. Die DEBYE-SCHERRER-Methode ist mit einer Reihe von Fehlern behaftet, die schon damals zum Teil bekannt waren. Die Absicht, diese zu vermeiden, hatten SEEMANN und BOHLIN, indem sie vorschlugen, Aufnahmen in einer unsymmetrisch fokussierenden Kamera vorzunehmen (1919—1920). Durch diese neue Arbeitsweise konnte eine Genauigkeit von $\pm 0{,}01$ Å erzielt werden. Auf eine andere Art versuchte 1921 HULL vorzudringen, nämlich durch Vermeiden der Fehler, die mit der DEBYE-SCHERRER-Methode verbunden sind: er arbeitete in Riesenkameras mit einem Durchmesser von 40 cm und füllte das zu untersuchende Pulver in $^1/_2$—2 mm dicke, dünnwandige Glasröhrchen, die dann in die Mitte der Kamera gestellt wurden. Der Fehler lag bei diesen Bestimmungen schon in der 3. Dezimale. Ein weiterer Schritt wurde von GERLACH und PAULI (1921) gemacht, indem sie NaCl zum Eichen der Kamera benutzten, gelangten aber HULL gegenüber zu keiner höheren Genauigkeit. Durch KÜSTNER konnte 1922 ein wesentlicher Fortschritt erzielt werden: er gebrauchte die sog. Fadenmethode, wo in die Mitte einer besonders konstruierten zylindrischen Kamera statt des Stäbchenpräparates ein Seidenfaden, mit der zu untersuchenden Substanz eingerieben, befestigt wird. Ein solches Präparat liefert sehr scharfe Linien, und es konnte deshalb eine ausnahmsweise hohe Genauigkeit erreicht werden: von $\pm 0{,}0016$ bis $\pm 0{,}0007$ Å. Die Methode hat sich aber nicht eingebürgert.

---

[1] DEBYE, P., u. P. SCHERRER: Notiz, vorgelegt den 3. Dezember 1915 der damaligen Kgl. Ges. der Wissensch. zu Göttingen. Weiter: Physik. Z. **17**, 277 (1916).

[2] HULL, A. W.: Erste Mitteilung. Amer. phys. Soc. Oktober 1916.

[3] Näheres hierzu M. STRAUMANIS: Ein Kampf um die Genauigkeit. Österr. Chem.-Ztg **43**, 1 (1940).

Dagegen haben die Verfahren, die sich einer Eichsubstanz bedienen, eine starke Verbreitung gefunden. DAVEY hat jene so weit verbessert, daß er schon von einer „Präzisionsbestimmung“ spricht (1922—1925). Die Gitterkonstanten gibt er mit einer Genauigkeit von $\pm 0{,}01$ bis $\pm 0{,}002$ Å an. Etwa dieselbe Präzision wird auch in den Arbeiten von WYCKOFF, OTT und im Institut von V. M. GOLDSCHMIDT erreicht (1926 bis 1929 in den Veröffentlichungen von BARTH, LUNDE, ZACHARIASEN, OFTEDAHL). In allen diesen Fällen wird der Bezugsstoff der zu untersuchenden Substanz beigemischt, im Gegensatz zu DAVEY, wo die Diagramme der reinen Stoffe auf demselben Film übereinandergelegen erhalten wurden. Die höchste Vollkommenheit erhielt aber die ursprüngliche DEBYE-SCHERRER-Methode schon etwas früher durch BLAKE (1925). Er arbeitete in großen, halbzylindrischen Kameras mit einem Halbmesser von 16,65 cm. Die Dicke des Pulverpräparates wurde zur Unterdrückung der Verschiebung der Linien (durch Absorption) in manchen Fällen bis auf 0,2 mm reduziert, weil festgestellt werden konnte, daß mit der Zunahme der Dicke des Präparates die Größe der Gitterkonstante fällt. Da die Filme nach dem Entwickeln und Trocknen schrumpfen, so wurde eine Korrektur auf die Filmschrumpfung angebracht; der genaue Durchmesser der Kamera wurde mit Hilfe von Aluminiumaufnahmen berechnet, deren Gitterkonstante auf reinstes NaCl bezogen wurde. Weiter brachte BLAKE auch eine Korrektion auf die Eindringtiefe des Röntgenstrahles ins Präparat an, wobei zugleich die HADDINGsche Korrektionsmethode diskutiert wird. Vorkehrungen wurden getroffen, daß sich das Präparat genau in der Mitte der präzis gearbeiteten, halbkreisförmigen Kamera befände. Zuletzt erfolgte die Vermessung der Filme mit einer Genaugikeit von $\pm 0{,}02$ mm. Unter diesen Umständen konnte die Gitterkonstante des Al zu $4{,}0439 \pm 0{,}0002$ Å (jetzt 4,04145) gegen reinstes NaCl bestimmt werden.

Die von BLAKE angegebene Genauigkeit von $\pm 0{,}0002$ Å konnte aber bald auf viel einfacherem Wege erreicht werden, nämlich durch den 1926 gemachten Vorschlag von VAN ARKEL der Benutzung der „letzten Linien“. Die höhere Genauigkeit wird in diesem Fall dadurch erzielt, daß der Sinus eines Glanzwinkels, der schon bei etwa $80°$ zu liegen kommt, sich viel weniger mit der Änderung von ϑ ändert als im Gebiete kleiner Glanzwinkel (ersten Linien, die bis jetzt benutzt wurden). Ein bei der Vermessung der Filme begangener Fehler wirkt sich deshalb auf die Gitterkonstante, nach den „letzten Linien“ berechnet, sehr viel weniger aus. Davon kann man sich einfach aus den trigonometrischen Tabellen überzeugen. Absorptions-, Exzentrizitäts-, Filmschrumpfungs- und andere Fehler beeinflussen deshalb die auf diese Weise erhaltenen Konstanten sehr wenig. Es ist aber notwendig, die letzten Linien auf dem Film zusammenhängend zu erhalten, was durch Einsetzen des Films in die Kamera nach VAN ARKEL erreicht wird: der Strahl tritt in diese durch die Öffnung in der Mitte des Films und verläßt sie an den Filmenden. Gleich zu Anfang wurde durch diese Methode eine Genauigkeit von 0,01% erreicht, *ohne Eichsubstanzen* zu gebrauchen. Die Möglichkeit, ohne diese zu arbeiten, bietet aber viele Vorteile. Das Verfahren wurde weiter von DEHLINGER (1927) und KETTMANN (1929) vervollkommnet und zuletzt von SACHS und WEERTS zu einem echten „Rückstrahlverfahren" unter Erreichung einer Genauigkeit von $\pm 0{,}0002$ Å ausgebaut (1930). Zur Reduktion der erhaltenen Konstanten auf eine bestimmte Temperatur müssen in der nächsten Umgegend der Proben Temperaturregistrierungen vorgenommen werden. Besondere Vorzüge der letzteren Methode sind, daß nicht nur die Konstanten von Pulverpräparaten, sondern auch die grobkristalliner metallischer Proben und Schliffe, ohne diese zu zerstören, bestimmt werden können. Dieselbe Präzision wurde bald darauf nach der Pulvermethode nach REGLER unter der Verwendung der von LIHL abgeleiteten Korrektionsformeln erreicht (1932). Eine Anzahl von Präzisionsmessungen nach diesem Verfahren hat NEUBURGER durchgeführt (1932—1936).

Inzwischen wurden aber auch beträchtliche Fortschritte mit den fokussierenden Kameras erzielt, indem der Vorschlag von VAN ARKEL auf diese Kameras angewandt wurde. Schon 1929 entwickelten GAYLER und PRESTON eine Methode, die an Präzision den bisherigen zumindest gleichkam. Die Methode wurde von OWEN und IBALL weiter ausgebaut durch Einführen von Korrektionen auf die Dicke des Films, die des einhüllenden Papiers und auf Filmschrumpfung durch Marken an den Enden des Films (1933). Auch hierbei wurde eine Genauigkeit von höchstens $\pm 0{,}0002$ Å oder etwa 0,005% erreicht. Wie es scheint, ist damit die Grenze der „direkten" Methoden erreicht worden.

Einen Schritt weiter gelangte man mit Hilfe von Extrapolationsverfahren, die nicht nur auf die DEBYE-SCHERRER-Methode, sondern auch auf die fokussierenden angewandt werden können. Es wäre hier das Verfahren von KETTMANN (1929), hauptsächlich aber das von BRADLEY und JAY zu nennen (1932): durch einen besonderen Handgriff werden hier die echten Glanzwinkel unabhängig von der Schrumpfung des Films bestimmt; die aus den Winkeln berechneten Konstanten können dann zur Ausschaltung der Absorptionsfehler in Abhängigkeit vom entsprechenden $\cos^2\vartheta$ aufgetragen werden. Eine annähernd gerade Linie wird erhalten, die man weiter auf $\cos^2\vartheta = 0$ extrapoliert. Der Schnittpunkt mit der Ordinate liefert den genauen Wert der Gitterkonstante. Der Fehler fällt bei scharfen Linien auf die 5. Dezimale, die Genauigkeit ist höher als $\pm 0{,}005\%$. Damit waren alle bisherigen Methoden übertroffen. Ähnliche Verfahren wurden bald darauf von WEIGLE (1934) auf die symmetrisch fokussierende Methode angewandt.

Statt des graphischen Extrapolationsverfahrens sind auch analytische entwickelt worden. So beschreibt COHEN 1935 ein Verfahren, das für alle Kristallsysteme, für die DEBYE-SCHERRER- und die symmetrisch fokussierende Methode gelten soll und auf der Extrapolation von $\cos^2 \vartheta = 0$ beruht. Obgleich die Methode nur in einigen Fällen, nämlich wenn viele und scharfe letzte Linien vorhanden sind, gute Resultate liefert, wurde von JETTE und FOOTE (1935) durch Anwendung von Legierungsanoden (zur Vermehrung der Linien) die bisher höchste Genauigkeit an Aluminium erreicht: 4,04139 $\pm$ 0,00008 Å bei 25° C. Diese beträgt hier also 1 : 50000 oder 0,002%. Auch OWEN, PICKUP und ROBERTS (1935) und neuerdings TRZEBIATOWSKI (1937) sind zu einer ähnlich hohen Genauigkeit gelangt. Ein weiteres Vordringen scheint aber auf diesem Wege ausgeschlossen zu sein, da weder die analytischen noch die graphischen Extrapolationsverfahren hierzu sicher und eindeutig genug sind; außerdem stört die Unschärfe der Linien bei den fokussierenden Verfahren und die nicht genügend konstante Temperatur.

Die Arbeiten im Röntgenlaboratorium der Universität in Riga zeigten aber, daß das Erreichen einer noch höheren Präzision doch möglich ist, wenn man die allerbesten Eigenschaften der bisherigen Verfahren zu einem neuen vereinigt. Unter folgenden Bedingungen erwies sich das als möglich: 1. es müssen auf den Filmen sehr scharfe Linien vorhanden sein; 2. es muß eine Möglichkeit bestehen, sich zu überzeugen, ob das Pulverpräparat sich tatsächlich auch in der Mitte der genau zylindrischen Kamera befindet; 3. es können nur die letzten Linien unter möglichst großen Winkeln verwandt werden; 4. die ungenaue Kenntnis des effektiven Filmdurchmessers und die Schrumpfung muß auf irgendwelche Weise bei der Berechnung des tatsächlichen Glanzwinkels eliminiert werden; 5. die Aufnahmen müssen bei ganz konstanter Temperatur erfolgen, also in Thermostaten, da Temperaturschwankungen von 1°, was keine Seltenheit ist, schon die 4. Dezimale der Gitterkonstante um mehrere Einheiten beeinflussen; 6. müssen für die Aufnahmen, um allgemein reproduzierbare Konstanten zu erhalten, die reinsten Substanzen verwandt werden, und 7. muß die Filmvermessung mit einer Genauigkeit von mindestens $\pm$ 0,01 mm erfolgen.

Durch Einhaltung aller dieser Bedingungen und einer neuen Art der Filmeinsetzung konnte 1936 die Gitterkonstante des reinsten Aluminiums zu 4,04147 $\pm$ 0,000013 Å bestimmt werden. Eine höhere Genauigkeit als 1 : 200000 oder 0,0005% ist somit erreicht worden; alles das ohne Verwendung von Standardsubstanzen, nur durch Verfeinerung und Präzisierung der Arbeitsumstände. Dabei unterscheidet sich die so erhaltene Konstante von der von JETTE und FOOTE auf NaCl bezogene nur um + 0,00006 Å. Wie die Verfasser zu der obenerwähnten hohen Präzision gelangten und wie jedermann zu einer ähnlichen gelangen kann, ist einschließlich aller technischen Einzelheiten und Begründung der Behauptungen in den folgenden Abschnitten beschrieben.

Da die erhaltenen Präzisionsfilme im Gegensatz zu den früheren ein asymmetrisches Aussehen besitzen (s. S. 43, Abb. 21), so ist von HALLA und MARK[1] die Methode als „asymmetrische" bezeichnet worden. Obgleich die Genauigkeit des Verfahrens nicht durch das neuartige Einsetzen des Films allein bedingt ist, so halten die Verfasser es doch für möglich, diese Benennung als treffende Bezeichnung des ganzen Verfahrens beizubehalten.

---

[1] HALLA, F., u. H. MARK: Röntgenographische Untersuchung von Kristallen, S. 177. Leipzig: J. A. Barth 1937.

I. Pulveraufnahmen nach der asymmetrischen Methode.

1. Das Prinzip der Methode.

Wird ein verhältnismäßig dünnes, rotierendes Pulverpräparat, das sich genau im Zentrum einer zylindrischen Kamera und mithin auch in der Rotationsachse des Filmzylinders befindet, vom Röntgenstrahl gleichmäßig umhüllt, so verteilen sich die vom Präparat stammenden Beugungsringe vollständig symmetrisch um den Eingangspunkt (große ϑ) und um den Ausgangspunkt (kleine ϑ) des Strahles in die Kamera.

Diese beiden um die genannten Punkte symmetrisch verteilten Liniensysteme können zusammenhängend auf einem Film erhalten werden, wenn man letzteren anders als bisher in die Kamera einsetzt: die Enden des zu einem Zylinder zusammengedrehten Films müssen mit dem Primärstrahl einen Winkel von etwa 90° einschließen (s. Abb. 1). Nach den anderen Methoden beträgt er entweder 180 (Debye-Scherrer) oder auch 0° (nach van Arkel). Die hier gebrauchte Einsetzung des Films besitzt große Vorzüge:

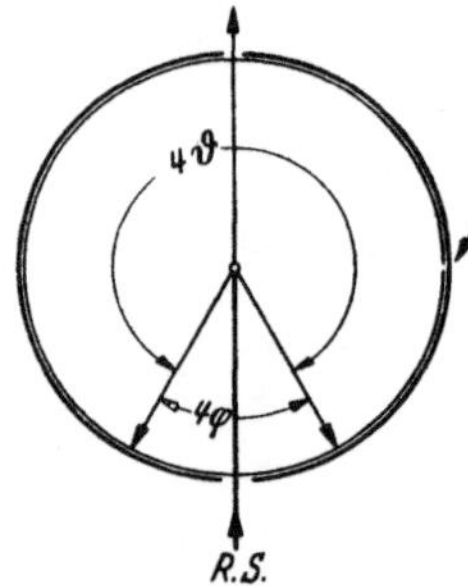

Abb. 1. Stellung des Films in der Kamera. Die ϑ- und die φ-Winkel.

Die um die Ein- und Austrittspunkte des Röntgenstrahles verteilten Beugungsringe können zu jeder Zeit als Eichmarken benutzt werden, aus denen nicht nur die Glanzwinkel, sondern auch der effektive Durchmesser des Filmzylinders sehr genau berechnet werden können; ist aber letzterer bekannt, so steht der präzisen Bestimmung der Gitterkonstanten nichts mehr im Wege. Standardsubstanzen sind deshalb vollständig überflüssig. Dadurch, daß die Glanzwinkel unter Benutzung des zur Zeit der Vermessung bestehenden effektiven Filmdurchmessers, der sich bekanntlich unter dem Einfluß der Feuchtigkeit der Luft ändert, berechnet werden können, wird einer der ziemlich unkontrollierbaren Fehler, mit denen die Debye-Scherrer-Methode behaftet ist, ausgemerzt. Weiter bringt die Möglichkeit, ohne Eichsubstanzen arbeiten zu können, noch die Vorzüge mit sich, daß die Rechnungen besonders einfach ausfallen, die Filme viel übersichtlicher werden, da Koinzidenzen vermieden werden, was bei der Untersuchung von linienreichen Präparaten von besonderer Bedeutung ist.

Der effektive Filmdurchmesser läßt sich auf folgende Weise leicht bestimmen: Man mißt mit Hilfe eines Maßstabes, auf dem der Film ausgebreitet und befestigt ist, vom Nullpunkte die Abstände zwischen den gleichnamigen Linien der beiden Beugungssysteme; durch Teilen der Summe auf 2 erhält man die Ein- und Ausgangspunkte des Strahles auf dem Maßstabe; da sich das Präparat genau in der Mitte des Filmzylinders befindet, so ist der Abstand zwischen den beiden Punkten gerade 180°. Auf dem Maßstabe kann dann dieser Abstand in mm abgezählt und hierdurch bestimmt werden, wieviel mm auf dem Film einem Grad entsprechen. Damit ist natürlich auch der Durchmesser des Filmzylinders gegeben.

Die Genauigkeit dieser Bestimmung hängt von der Vermessungspräzision der Beugungsringe, diese von der Schärfe der Ringe ab. Um möglichst scharfe Linien zu erhalten, müssen möglichst dünne Präparate, deren Durchmesser nicht oder nicht wesentlich 0,2 mm übersteigt, gebraucht werden. Hierzu eignen sich am besten 0,02—0,06 mm dicke und 1 cm lange Stäbchen aus *Lindemannglas*, die mit einem nichttrocknenden Leim, z. B. Raupenleim, gleichmäßig bestrichen und mit dem zu untersuchenden feinkörnigen Präparat bedeckt werden. Solche dünne Pulverpräparate sind für die Röntgenstrahlen fast vollständig durchlässig, weshalb auch der Absorptionsfehler auf ein Minimum zurückgedrängt wird.

Zur Berechnung der Gitterkonstanten verwendet die asymmetrische Methode nur die letzten Linien, also die höchsten Glanzwinkel, wie das schon von van Arkel vorgeschlagen worden ist, da hierdurch die unvermeidlichen Meßfehler sehr klein werden, wenn sich ϑ 90° nähert. Außerdem sind in diesem Bereich der hohen Glanzwinkel die Absorptionsfehler, wenn überhaupt vorhanden, bei dünnen Präparaten so klein, daß sie die berechnete Gitterkonstante nicht mehr als um 1—2 Einheiten der 5. Dezimale beeinflussen können. Zur Präzisionsbestimmung von Gitterkonstanten sind deshalb diejenigen Linien am wertvollsten, die größere Glanzwinkel als ungefähr 78° besitzen. Aus technischen Gründen sind Winkel oberhalb 86° nicht mehr zugänglich. Es ist bequemer, das Messen der Glanzwinkel vom Eingangspunkt des Primärstrahles zu beginnen, indem man nicht ϑ, sondern dessen Ergänzungswinkel $90 - \vartheta = \varphi$ angibt. Setzt man φ an Stelle von ϑ, so ändert sich die Braggsche Gleichung folgendermaßen:

$$n\lambda = 2d\sin\vartheta = 2d\cos\varphi. \tag{1}$$

Die φ-Winkel der verwertbaren Linien fallen also zwischen 4—12°[1]. Um die gemessenen mm in Grad umzurechnen, müssen jene mit einem

[1] Natürlich können auch größere Winkel verwandt werden, doch ist die Genauigkeit der Bestimmung der Gitterkonstanten dann viel geringer.

Faktor, der aus dem Filmdurchmesser berechnet worden ist, multipliziert werden. Der Faktor ist natürlich mit einem kleinen Fehler behaftet. Bei der Multiplikation mit einer kleinen Zahl von mm (φ) wird der Fehler weniger vergrößert als bei einer größeren (ϑ). Deshalb schwanken die Konstanten, aus φ berechnet, weniger als aus ϑ.

Zur Verminderung des Absorptionsfehlers müssen also möglichst dünne Präparate gebraucht werden; doch kann die asymmetrische Methode auch Markröhrchen gebrauchen, wenn es sich um die Aufnahme hygroskopischer und luftempfindlicher Substanzen handelt. Der effektive Filmdurchmesser kann dabei ebenso wie schon erwähnt bestimmt werden, nur müssen die erhaltenen Glanzwinkel auf Absorption korrigiert werden. Das kann geschehen, indem man Absorptionsformeln verwendet oder besser die nicht korrigierten Konstanten nach BRADLEY und JAY auf $\cos^2\vartheta = 0$ extrapoliert[1]. Wenn das Rechnen bequemer ist, kann man auch die analytische Extrapolationsmethode von COHEN benutzen[2].

Eine dritte wichtige Fehlerquelle bei DEBYE-SCHERRER-Aufnahmen ist die Exzentrizität des Präparates. Diese wird hier durch den Gebrauch von sehr genau konstruierten Kameras, von denen gleich die Rede sein wird, vermieden. Kleine Exzentrizitätsfehler können mit Hilfe einer besonderen Aufnahmemethode ausgeschlossen werden (s. S. 20).

2. Die zur asymmetrischen Methode geeigneten Kameras und deren Herstellung.

Zu Aufnahmen nach dieser Methode eignen sich alle zylindrischen Kameras, bei denen das Präparat wirklich in der Mitte der Kamera und folglich auch in der Achse des Filmzylinders sitzt. Davon kann man sich überzeugen, wenn man die Kamera unter ein Mikroskop stellt und den Deckel der Kamera, der das genau zentrierte Präparat trägt, um dessen Achse dreht (s. Abb. 9, S. 19). Ändert das durch die Blendenöffnung im Mikroskop sichtbare Präparat dabei seine Stellung nicht, so sitzt es in der Drehachse des Kameradeckels. Damit ist aber nicht gesagt, daß das Präparat sich auch in der Achse des Filmzylinders befindet. Ob die Achse des Kameradeckels mit dem des Filmzylinders zusammenfällt, ist schwer zu kontrollieren und kann nur durch Aufnahmen festgestellt werden (s. S. 20).

Dreht sich das zentrierte Präparat beim Drehen des Kameradeckels aus seiner Stellung heraus, so fällt die Achse des Präparates nicht mit der des Kameradeckels zusammen. Es muß also das Lager der Achse, die den Präparathalter trägt, so lange hin und her verschoben werden,

[1] BRADLEY, A. J., u. A. H. JAY: Proc. phys. Soc. **44**, 563 (1932).

[2] COHEN, M. U.: Rev. sci. Inst. **6**, 68 (1935). Hierzu A. IEVIŅŠ u. M. STRAUMANIS: Z. Kristallogr. **94**, 40 (1936); **95**, 451 (1936).

bis die Achsen des Präparates (des Halters) und des Kameradeckels zusammenfallen. Einrichtungen hierzu sind auf vielen Deckeln vorhanden. Es ist aber zweckmäßig, das Lager des Präparatträgers nach dem Auffinden der richtigen Stellung an den Kameradeckel so festzuschrauben, daß keine Verschiebung mehr möglich ist. Damit ist die Kamera ein für allemal eingestellt.

Das Achsenlager kann auch besonders angefertigt und auf den schon vorhandenen durchlochten Deckel geschraubt werden (Abb. 2). Das Einstellen der Rotationsachse in die Achse des Deckels bereitet etwas Mühe. Die richtige Stellung kann nur durch Probieren ermittelt werden, indem man die Schrauben des Lagers etwas löst und dieses systematisch so lange verschiebt, bis das Präparat, durchs Mikroskop betrachtet, beim Drehen des Deckels keine Kreise mehr beschreibt. Dann wird das Lager festgeschraubt. Die ganze Operation erfordert nicht mehr als einige Stunden. Durch eine abnehmbare Zentriereinrichtung kann das Einstellen beschleunigt werden. Auf diese Weise können viele zylindrische Kameras, die präzise genug angefertigt sind, d. h. einen vollständig runden Querschnitt besitzen, der Deckel sehr gut zur Kamera paßt usw., den Forderungen der asymmetrischen Methode entsprechend umgebaut werden.

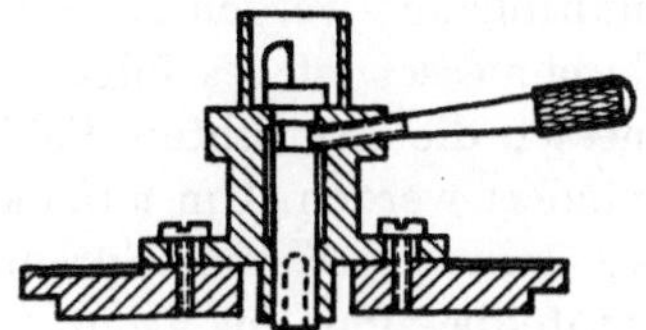

Abb. 2. Lager des Präparatträgers mit Achse.

Die Erfahrungen zeigen jedoch, daß sich die besten Resultate mit speziell zu diesem Zweck konstruierten Kameras erreichen lassen. Hierdurch gelangt man nicht nur zur höchsten Genauigkeit, sondern es wird auch eine größere Geschwindigkeit und Bequemlichkeit der Arbeit erzielt. Eine eingehende Beschreibung der Herstellung der Kameras soll hier deshalb gegeben werden.

Soll eine Kamera angefertigt oder auch gekauft werden, so muß man zuerst über deren Größe (Durchmesser) im klaren sein. Die Bestimmung von Gitterkonstanten ist mit vielen Fehlern verbunden. Ein Teil der Fehler, der z. B. durch die exzentrische Stellung des Präparates in der Kamera, die Absorption, die Abweichung des Querschnittes der Kamera von der Kreislinie u. a. hervorgerufen wird, vermindert sich, wenn der Durchmesser der Kamera größer gewählt wird. Deshalb wurden auch zu Anfang der Pulvermethode Kameradurchmesser von 30—40 cm gebraucht (Hull, Blake, Davey). Weiter wurden damals zur Berechnung der Gitterkonstanten die Interferenzen niedrigerer Ordnung verwandt, die Präparate waren dick, mit einer merkbaren Absorption behaftet und befanden sich nicht immer in der Mitte der Kamera; die Technik der Filmvermessung war ungenau. Später, mit der Verbesserung der Aufnahmetechnik, stieg nicht nur die Genauigkeit, sondern es verminderte sich auch der Kameradurchmesser. Letzterer Umstand ist mit so großen Vorzügen verbunden, daß das Streben in dieser Richtung als vollständig gerechtfertigt erscheint: es vermindert sich nicht nur die Expositionszeit (s. S. 41), sondern die Linien selbst werden viel schärfer und heben sich besser von der Grundschwärzung ab, weshalb die Meßgenauigkeit erheblich steigt. Andererseits muß aber in Betracht gezogen werden, daß bei der Berechnung der Glanzwinkel die auf dem Film in mm gemessenen Abstände mit einem Koeffizienten multipliziert werden müssen, der umgekehrt proportional dem Kameradurchmesser ist; es folgt daraus, daß bei Filmen mit kleinem Durchmesser die gemachten Fehler vergrößert, bei größerem dagegen vermindert werden. Um aufzuklären, wie weit das tatsächlich zutrifft und wie sich der Kameradurchmesser auf die Genauigkeit der Gitterkonstantenbestimmung beim Arbeiten nach der asymmetrischen Methode auswirkt, wurden Untersuchungen mit reinstem Aluminium in Kameras verschiedener Größe unternommen. Aluminium eignet sich für diese Zwecke sehr gut, da es mit Cu-Strahlung scharfe Interferenzen bei großen Glanzwinkeln liefert. Die Aufnahmen wurden bei konstanter Temperatur in einem Luftthermostaten unter Einhaltung aller Umstände, die bei Präzisionsbestimmungen von Bedeutung sind, durchgeführt. In nebenstehender Tabelle 1 sind die Resultate zusammengestellt; eine jede der berechneten Konstanten ist der arithmetische Mittelwert von mehreren Aufnahmen.

Tabelle 1. Die Bestimmungsgenauigkeit der Gitterkonstante des reinsten Al in Kameras verschiedenen Durchmessers. 1 mm-Rundblende. $t = 25°$. Cu-Strahlung.

Kamera Nr.	Kamera-durchmesser mm	a_{25} (auf Berechnung korrigiert)
5	114,8	4,04143 ± 0,00002
4	86	4,04147 ± 0,00001
8	64	4,04144 ± 0,00002
1	57,7	4,04146 ± 0,00002
2	57,7	4,04145 ± 0,00001
3	57,7	4,04146 ± 0,00002
6	28,9	4,04118 ± 0,00003
Endwert (den letzten Wert ausgenommen)		4,04145 ± 0,00002

Aus den Zahlen der Tabelle folgt, daß eine Vergrößerung des Kameradurchmessers oberhalb 57,7 mm (1 mm auf dem entwickelten und ausgebreiteten Film entspricht 2°) *mit keinem Vorteil verbunden ist*, da die Genauigkeit der Bestimmung nicht mehr steigt. Eigentlich war das auch zu erwarten, da alle Fehler, die bei anderen Verfahren mit der Verminderung des Kameradurchmessers besonders hervortreten, hier bei der asymmetrischen Methode nicht zum Vorschein kommen.

Für Drehkristallaufnahmen nach derselben Methode, die ebenso genau wie Pulveraufnahmen ausfallen (s. S. 64), empfiehlt es sich, in Kameras mit einem Durchmesser von 64 mm zu arbeiten. In solche kann außer den Ringen, die den Film an die Kamerawand drücken, noch ein kleinerer Goniometerkopf (nach FUESS, SEEMANN u. a.), auf die Achse des Präparatträgers geschraubt, bequem eingeführt werden. Die 57,7 mm-Kamera ist für diesen Zweck etwas zu klein. Der Filmumfang der größeren Kamera beträgt 200 mm, so daß 1 mm auf dem ausgebreiteten Film 2^g (Neugrad) entspricht. Die Belichtungszeit ist praktisch dieselbe wie in der kleineren. Selbstverständlich können diese Kameras auch ebensogut zu Pulveraufnahmen verwandt werden.

Abb. 3. 64 mm-Präzisionskamera für Drehkristall- und Pulveraufnahmen.

In den Fällen, wo es sich um keine so hohe Präzision handelt, können noch kleinere Kameras gebraucht werden. Versuche, die mit einer 28,9 mm-Kamera durchgeführt wurden, zeigten, daß auch hier die Bestimmungsgenauigkeit hoch ist, etwa 0,01%. Die Resultate stimmen untereinander ebenso gut überein wie in einer 57,7 mm-Kamera, sind jedoch etwas zu niedrig. Die Belichtungszeit fällt dagegen um 50%. Alle Zentriereinrichtungen sind jedoch zu verkleinern und der kleinen Kamera anzupassen. Außerdem ist das Arbeiten mit dieser Kamera nicht so bequem wie mit einer größeren (57,7 mm).

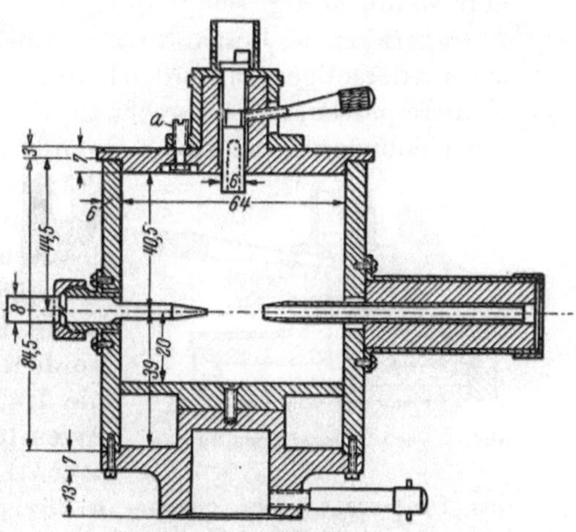

Abb. 4. Schnitt durch dieselbe Kamera.

Die von den Autoren konstruierten Präzisionskameras sind den von SEEMANN nachgebildet, da diese an Röntgenapparate der SEEMANNschen Konstruktion angeschraubt und an die schon vorhandenen Einrichtungen und Reserveteile angepaßt werden mußten. Eine der Kameras ist hier in Abb. 3 und im Längsschnitt in Abb. 4 gezeigt.

Zur Herstellung des Kamerazylinders wurde Rundmessing des entsprechenden Durchmessers verwandt. Aber auch ein solches Material erwies sich nicht immer durchweg als homogen; an einzelnen Stellen, wo das Metall härter war, blieben kaum sichtbare Erhöhungen bestehen, so daß man nicht einen vollständig zylindrischen Hohlkörper erhielt. Gelingt es nicht, diese Stellen für die Blenden oder Nullstrahlöffnungen zu verwenden, so muß ein anderes Messingstück gewählt werden. Gußblöcke aus Bronze oder Rotguß eignen sich weniger, weil sie oft Lunker enthalten. Während feine Poren die Herstellung des Zylinders nicht stören, so ist bei größeren Lunkern das hergestellte Stück nicht mehr zu gebrauchen. Der zylindrische Teil und der Boden der Kamera können entweder aus einem oder zwei Stücken, was bequemer ist, hergestellt werden. In letztem Fall wird der Boden an den Zylinder angeschraubt (Abb. 4). Eine Wandstärke von 6 mm bürgt gegen Deformationen beim Bearbeiten und unbeabsichtigte Stöße bei späterer Forschung. Die Schraubenlöcher im unteren Teil des Zylinders sind schon vor dem endgültigen Ausdrehen der Innenseite einzuschneiden, da sonst bei dieser Operation die Zylinderwand deformiert werden kann. Soll die Kamera der Abb. 4 auch zu Pulver- und Äquatoraufnahmen verwandt werden, so kann in der Kamera zur Verminderung der Höhe des Films ein zweiter Boden befestigt werden.

Der am schwierigsten herstellbare Teil der Kamera ist der Deckel. Er muß so angefertigt sein, daß er einerseits leicht und ohne Stöße, um das Auszentrieren des Präparates zu vermeiden, von der Kamera abgenommen und wieder aufgesetzt werden kann, andererseits muß er aber so genau zur Kamera passen, daß senkrecht zur Zylinderachse auch nicht die geringste Verschiebungsmöglichkeit besteht. Denn nur in diesem Fall kommt das Präparat nach dem Öffnen und Schließen der Kamera auf genau dieselbe Stelle in der Achse des Zylinders. Der obere Teil des Filmzylinders, auf dem der Deckel lagert, kann auf zweierlei Art hergestellt werden: 1. wie in Abb. 4 gezeigt, und 2. wie das in der Abb. 5 dargestellt ist. Beide Arten haben ihre Vor- und Nachteile; im ersten Fall ist man sicher, daß die Achse des Präparatträgers genau in die des Zylinders eingestellt werden kann, doch muß das Öl, das zur Vermeidung der Abnutzung des Deckels dient, vor dem Einsetzen und Herausnehmen des Films abgewischt werden. Im zweiten Fall fällt diese Operation fort, doch ist man wieder nicht sicher, ob die Achse des Einschnittes mit der des Zylinders zusammenfällt. Auch die Prüfung ist, wie schon gesagt, schwierig durchzuführen. Konstruktiv läßt sich diese Aufgabe so lösen,

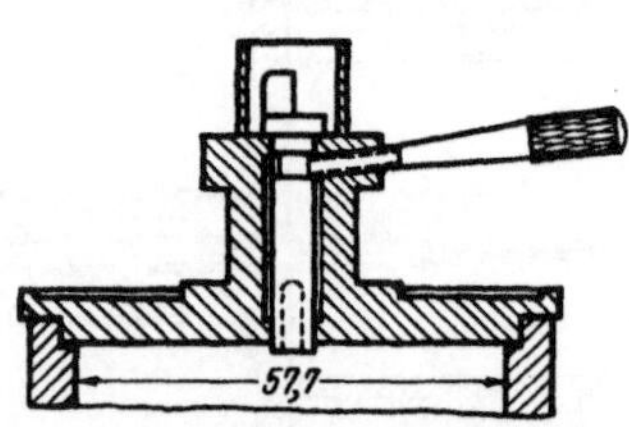

Abb. 5. Deckel einer 57,7 mm-Kamera.

daß man die Innenseite des Zylinders zu Ende dreht und, ohne das Stück von der Spindel abzunehmen, jetzt den Einschnitt für den Deckel herausdreht. In diesem Fall fallen natürlich beide Achsen zusammen. Der Rand des Deckels kann jetzt ohne weiteres geölt werden. Ein Einschmieren mit dickerem Öl wird später unerläßlich, wenn der Deckel vom Gebrauch abgenutzt wird. Hilft das nicht mehr, so kann der obere Rand der Kamera oder der Deckel vernickelt werden. Die dünne Schicht reicht meistens vollständig aus.

Schwieriger zu erreichen ist, wenn keine bessere Drehbank zur Verfügung steht, daß die Achse des Präparatträgers vollständig ins Zentrum des Deckels fällt, um zugleich mit der des Zylinders zusammenfallen zu können. Eine Abweichung von 0,01 mm bei 57,7 mm und eine solche von 0,015 mm bei größeren Kameras ist noch zulässig. Ist diese aber größer, so muß entweder ein neuer Deckel angefertigt oder der alte verbessert werden. Das kann geschehen, indem man das alte Lager breiter aufbohrt und ins Loch einen schon vorher zubereiteten Messingbolzen hineintreibt. Dann wird ein Ring angefertigt, in den der Deckel genau paßt, in der Spindel befestigt und im Zentrum von neuem das Loch für den Präparatträger gebohrt. Auf einer guten Drehbank gelingt es ohne Schwierigkeit, das Achsenlager mit einer Genauigkeit von mindestens 0,01 mm im Zentrum des Deckels zu bohren. Eine zweite Möglichkeit besteht darin, daß man das Achsenlager besonders anfertigt und dieses dann auf dem Deckel zentriert und anschraubt, wie schon auf S. 9 erwähnt.

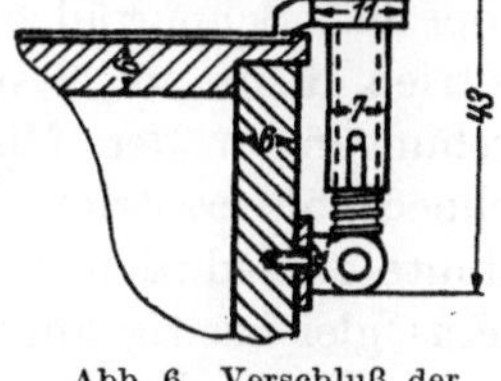

Abb. 6. Verschluß der Kameras.

Mit zwei Verschlußschrauben besonderer Konstruktion (Abb. 6) wird der Deckel auf den Zylinder der Kamera gedrückt. Hebt man die beiden Schrauben des Verschlusses, so hebt sich auch durch den Druck der Feder die Scheibe mit der Nase; die Verschlußschrauben können dann zu beiden Seiten der Kamera geneigt werden, so daß jetzt der Deckel leicht entfernt werden kann. Beim Verschließen hakt die Nase am oberen Rande des Deckels, so daß ein Heruntergleiten ausgeschlossen ist.

Von Bedeutung ist weiter das sehr genaue Anpassen der Achse, die den Zentrier- oder Goniometerkopf trägt, an das Lager des Kameradeckels. Eine Bewegungsfreiheit senkrecht zur Achse darf überhaupt nicht vorhanden sein; andererseits muß die Reibung so gering sein, daß die Achse mit kleinem Kraftaufwand und ohne Erschütterungen gedreht werden kann. Zur Verminderung der Reibung empfiehlt es sich, den Mittelteil des Lagers etwas stärker auszufräsen, so daß zu beiden Seiten nur Berührungsflächen von 4—5 mm übrigbleiben (Abb. 2, 4, 5). Stählerne Achsen sind die besten, solche aus Messing, wenn auch vernickelt, haben sich nicht bewährt. Lager und Achse müssen sorgfältig poliert sein. Geschieht das nicht, so beobachtet man beim Zentrieren der Präparate unter dem Mikroskop folgende Erscheinung: Das Präparat kann nicht vollständig zentriert werden, es besitzt eine Periode, denn erst nach zwei vollen Umdrehungen kehrt es in die Ausgangsstellung zurück. Manchmal kommt es auch vor, daß die Periode erst nach drei oder vier Umdrehungen zu Ende ist. Dieses Verhalten der Achse konnte immer dann festgestellt werden, wenn deren Oberfläche nicht vollständig glatt war; besonders schädlich waren Längskratzer. Wie es scheint, wird die Periode durch vorhandenes Öl hervorgerufen, das sich nicht vollständig gleichmäßig im Lager-Achse-Zwischenraum verteilt, denn mit dem Entfernen des Öls verschwindet die Periode. Ohne Öl kann aber nicht gearbeitet werden, da sich die Achse nach einiger Zeit einfrißt und nicht mehr bewegt werden kann. Es bleibt also nichts anderes übrig, als eine peinlichst genaue Herstellung von Lager und Stahlachse, unter Verminderung der Berührungsflächen, einzuhalten. Die Stahlachsen haben außerdem noch den Vorzug, daß sie auch bei höherer Temperatur tadellos rotieren, was von Messingachsen nicht immer gesagt werden kann. Die Achsen müssen sorgfältig gepflegt werden: von Zeit zu Zeit hebt man sie aus dem Lager, reinigt beide und bedeckt sie mit einer dünnen Schicht von Uhröl.

Die Achse kann mit einem SEEMANNschen Mechanismus mit Feder- oder elektrischem Gang angetrieben werden. Will man einen anderen Motor verwenden, so läßt sich auf das Lager des Deckels ein besonderer Kopf mit Schnurrädchen und Zahnkoppelung stülpen (Abb. 3). Zum Antrieb dient am besten ein Grammophonmotor, der etwa 75 Umdrehungen in der Minute macht. Es ist zweckmäßig, durch eine Schneckenübersetzung die Zahl der Umdrehungen auf 1,5—2 in der Minute zu reduzieren. Mit einem solchen Motor können mehrere Kameras gleichzeitig angetrieben werden.

Das andere Ende der Stahlachse besitzt ein genügend tiefes Gewindeloch, in das man den Präparatträger, den Zentrierkopf oder einen Goniometerkopf einschrauben kann. Die Konstruktion des Zentrierkopfes, aus einem Kugelgelenk und einer Kreuzschlittenverschiebung bestehend, ist aus der Abb. 7 zu ersehen. Die Zunge, die zum Ankleben des feinen Glasstäbchens dient, kann aus der Kugel herausgeschraubt werden, so daß man das Präparat für mögliche Wiederholungen der Aufnahme aufbewahren kann. Damit sich die Kugel beim Herausschrauben der Zunge nicht drehe, wird jene von einer Seite durch eine Schraube abgebremst (auf der Zeichnung nicht sichtbar).

In vielen Fällen ist es wichtig, das Präparat in Richtung der Rotationsachse, ohne die Zentrierung zu ändern, zu verschieben. Von besonderer Bedeutung ist dieser Umstand beim Drehkristallverfahren, wo der Kristall in den Strahl eingestellt werden muß. Auch bei Pulveraufnahmen ist es notwendig, die bestangefertigte Stelle des Pulverpräparates in den Röntgenstrahl zu schieben. Man erreicht das mit Hilfe der Schraube *a* (Abb. 4), die erlaubt, den oberen Teil des Kameradeckels samt der Achse bis 8 mm zu heben oder zu senken, ohne die Zentrierung zu ändern.

Ein möglichst gutes Anliegen des Films an die innere glatte Kamerawand ist für die Aufnahmen von besonderer Bedeutung. Das wird durch zwei elastische Ringe erzielt. Diese drücken den Film am oberen und unteren Rande an die Kamerawand und werden entweder aus Hartmessing, Phosphorbronze oder Stahl hergestellt. Die Ringe besitzen einen Querschnitt von etwa $3 \times 2{,}5$ mm; ihre Außenfläche ist aufgerauht, damit man an sie einen Streifen weichen Leders kleben kann. Ein Stück von 17 mm ist aus den Ringen gesägt, und die Enden des Ringes sind mit 1,5 mm großen Löchern versehen. In diese Löcher passen die Spitzen einer Zange. Durch Zusammendrücken der Zange vermindert sich der Durchmesser des Ringes, der nun bequem in die Kamera, innerhalb des Filmzylinders gestellt werden kann. Beim Öffnen der Zange drückt der elastische, mit Leder überzogene Ring den Film an die Kamerawand.

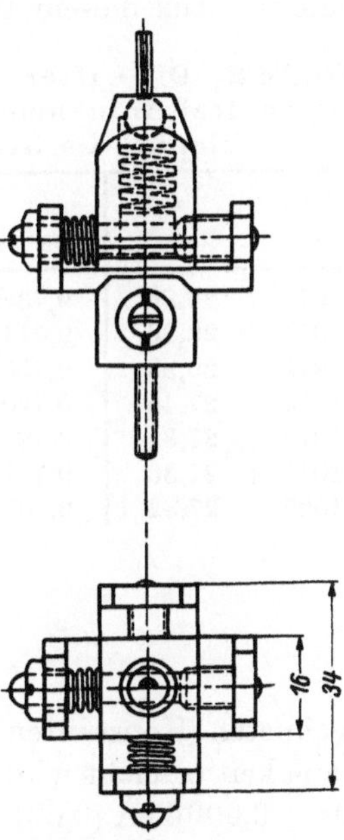

Abb. 7. Zentrierkopf zum Zentrieren von Pulverpräparaten.

Eine 5—6 cm lange 1 mm-Rundblende reicht vollständig aus. Um Interferenzen mit möglichst großen Glanzwinkeln zu erhalten, wird das eine Ende der Blende bis auf 3,5—4 mm abgedreht, die Spitze aber konisch gestaltet, damit die letzten Linien nicht durch die Blende selbst abgeschattet werden. Auf diese Weise können auf dem Film Interferenzen mit einem Glanzwinkel bis zu ungefähr 86° erhalten werden. Um zu vermeiden, daß auch das Material des Blendenendes auf dem Film Interferenzringe liefert, wird wie üblich das konische Blendenende 1,7 mm im Durchmesser und 2,5 mm tief aufgebohrt. Die Befestigung der Blende in der Kamera erfolgt ebenso wie in Kameras der SEEMANNschen Konstruktion: Mit Hilfe einer Mutter und eines konischen, an einer Stelle schief durchschnittenen federnden Ringes wird die Blende an die Wand der Blendenöffnung beim Anziehen der Mutter gedrückt. Es ist darauf zu achten, daß die Blende mit der Kamerawand einen Winkel von 90° einschließt, da sonst der Äquator der Interferenzlinien auf dem Film nicht auf eine Kreislinie, sondern auf eine Ellipse fällt. Eine kleine

Abweichung der Blende von der erwähnten Stellung ist jedoch ohne Einfluß auf die Messungen (s. S. 47).

Die besten Resultate lassen sich mit 1 mm-Rundblenden, wie das eingehende Untersuchungen zeigten, erzielen. Spaltblenden, mit denen eine etwa vierfache Verkürzung der Belichtungszeit erreicht werden kann, da der etwa 4 mm lange und 0,5 mm breite Spalt parallel zum Präparat verläuft, liefern etwas andere, kleinere Zahlen, da diese Blenden zu den Enden besenartig verbreitete und in der Mitte unschärfere Interferenzen liefern. Aus diesem Grunde schwanken, wie Tabelle 2 zeigt, die berechneten Konstanten etwas mehr, obgleich auch hier eine hohe Genauigkeit erreicht wird, da der mittlere quadratische Fehler nicht höher als ±0,00003 Å (0,001%) liegt. Der absoluten Größe nach unterscheidet sich aber der Mittelwert um 0,00028 Å oder 0,007% vom Endwert der Tabelle 1.

Tabelle 2. Die Gitterkonstante des Al, bestimmt in einer 64 mm- (die ersten drei Aufnahmen) und in einer 57,7 mm-Kamera. $^1/_2$ mm-Spaltblende. Cu-Strahlung. Dicke des Präparates 0,18 mm.

Film Nr.	t °C	φ 333 α_1	φ 333 α_2	a_t α_1	a_t α_2	a_t Mittelwert	a_{25} Mittelwert
970	26,86	9,732^g	8,647^g	4,04132	4,04146	4,04139	4,04122
971	26,86	9,714	8,621	4,04125	4,04123	4,04124	4,04107
972	26,93	9,735	8,642	4,04135	4,04141	4,04138	4,04121
1014	27,45	9,720	8,640	4,04130	4,04139	4,04135	4,04116
1016	27,31	9,723	8,634	4,04133	4,04134	4,04134	4,04116
1017	27,36	9,711	8,626	4,04122	4,04128	4,04125	4,04107
1025	27,32	9,707	8,616	4,04117	4,04119	4,04118	4,04100
				Mittelwert			4,04113
				Brechungskorrektur			4
							4,04117
							± 0,00003

Diese Divergenz ist leicht zu erklären, denn Blenden, bei denen der Spalt parallel zur Achse des Präparates verläuft, liefern DEBYE-Ringe, die von der ganzen Höhe des vom Röntgenstrahlenbündel getroffenen Präparates stammen. Die von den einzelnen Zonen des bestrahlten Präparates gelieferten DEBYE-Ringe überschneiden sich dann, wie das schematisch die Abb. 8 zeigt, wo der Einfachheit halber die entstandenen Interferenzringe auf einem Planfilm dargestellt sind. Aus der Zeichnung ist weiter zu sehen, warum die Ringe bei Spaltblenden sich auf dem Äquator verbreitern und in welcher Richtung. Wird dort die Mitte der Linien gemessen, so findet man einen kleineren φ-Winkel und berechnet folglich auch eine kleinere Gitterkonstante.

Theoretisch ist eine Verminderung der Gitterkonstante auch beim Gebrauch von 1 mm-Rundblenden zu erwarten. Deshalb wurden unter gleichen Bedingungen neue Aufnahmen in einer 57,7 mm-Kamera mit 0,5 und 1 mm-Rundblenden ausgeführt. Es ergab sich aus beiden Filmserien für die Konstante genau derselbe arithmetische Mittelwert, nämlich: $a_{25} = 4{,}04144$. Damit ist bewiesen, daß für die erstrebte Meßgenauigkeit eine engere Rundblende als 1 mm lichte Weite nicht erforderlich ist und daß die Länge der Blende 5,5 cm vollständig ausreicht. Selbstverständlich liefert eine $^1/_2$ mm-Rundblende noch schärfere Linien, doch vergrößert sich die Expositionszeit um 25%.

Um die Schwärzung des Filmes rings um den Eingangspunkt des Primärstrahles (große ϑ) möglichst herabzusetzen, wird in den Tubus der Kamera die Nullstrahlblende eingesetzt. Die Schwärzung rührt von der Fluoreszenzstrahlung, welche vom Leuchtschirm am Ende des Tubus in die Kamera zurückgestrahlt wird und den Bereich der großen Winkel trifft. Die Nullstrahlblende besteht aus zwei ineinandergeschobenen Röhren aus Messing, so daß die Länge der Blende nach Bedarf eingestellt werden kann. Der Durchmesser der kleineren inneren verschiebbaren Röhre ist 4 mm. Mit dieser Einrichtung erhält man klare Filme nicht nur im Bereich der großen ϑ, sondern es wird auch hierdurch die Schwärzung in der Gegend des Ausgangspunktes des Primärstrahles (kleine ϑ) vermindert.

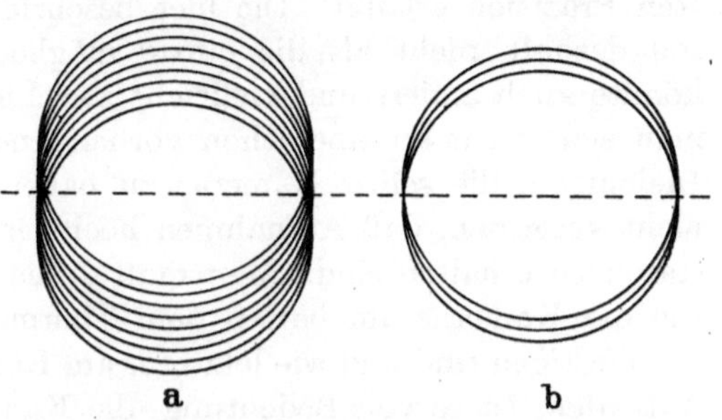

Abb. 8. Interferenzringe höchster Ordnung beim Gebrauch von Spalt- (*a*) und Rundblenden (*b*).

Die Befestigung der Kamera am Röntgenrohr erfolgt ebenso wie bei denen SEEMANNscher Konstruktion: Die Kamera wird auf einen Bolzen gesteckt, der am Kamerahalter angeschraubt ist (dieser ist wieder seinerseits am Rohr befestigt); durch Verschieben und Schwenken der Kamera auf dem Bolzen kann eine Stellung erreicht werden, wo der Primärstrahl durchs Blendensystem geht und auf dem Fluoreszenzschirm der Kamera sich bemerkbar macht; in dieser Stellung wird die Kamera am Bolzen festgeschraubt. Diese SEEMANNsche Anordnung hat sich als sehr bequem auch bei technischen Röntgenröhren erwiesen.

Von den Hilfseinrichtungen wären zu nennen: das Zentrierstativ (s. S. 34), die Filmbohrer und die Schablone zum Schneiden der Filme.

Die Löcher im Film zum Einführen der Blende und der Nullstrahlblende lassen sich am besten mit Kronenbohrern aus Stahl bohren, und zwar dann, wenn der Film schon fest in der Kamera liegt. Damit die Löcher gleichmäßig ausfallen, müssen die Zähne des Bohrers eine Größe von etwa 0,5—0,7 mm haben, außerdem muß der Bohrer eine Führung besitzen. Für die Blende wird ein Loch von 5 mm und für die Nullstrahlblende ein solches von 8 mm im Durchmesser gebohrt.

Die normale Höhe der Filme ist 40 mm. Hierzu werden 18 × 24 cm große LAUE-Filme (Agfa) mit Hilfe einer Schablone aus Metall oder einer Schneideeinrichtung in 4 × 18 cm große Streifen zerschnitten. Diese eignen sich sehr gut für 57.7 mm-Kameras; aber auch für solche von 64 mm reichen sie vollständig aus.

Es ist nicht unsere Absicht, mit dieser kurzen Beschreibung dem Leser eine genau einzuhaltende Vorschrift zur Konstruktion von Kameras zu geben; vielmehr soll der Abschnitt die Aufmerksamkeit nur auf die Umstände lenken, deren Einhalten erst das Erreichen der höchsten Präzision erlaubt. Die hier beschriebene Gestaltung der Kamera soll deshalb nicht als die einzig mögliche betrachtet werden; vieles könnte auch anders und vielleicht zweckmäßiger gebaut werden, wenn man sich nicht an eine schon vorhandene Apparatur anpassen müßte. Diejenigen, die selbst Kameras zu bauen gedenken, dürfen außerdem nicht vergessen, daß Aufnahmen höchster Genauigkeit nur in Thermostaten zu erhalten sind. Man muß deshalb auch darüber nachdenken, wie die Kameras am besten dem Thermostaten anzupassen und dort zu befestigen sind und wie letzterer am Röntgenrohre anzubringen wäre. Außerdem ist es von Bedeutung, die Kameras so zu konstruieren, daß sie, in den Thermostat hineingebracht, möglichst schnell dessen Temperatur annehmen[1].

3. Die Prüfung der Kamera.

Auf eine Kamera kann man sich vollständig nur dann verlassen, wenn diese vorher eingehend geprüft worden ist. Damit werden auch irgendwelche Bedenken, die bei späterer Forschungsarbeit entstehen und auf das fehlerhafte Funktionieren der Kamera zurückgeführt werden könnten, ausgeschlossen. Wie in den Hauptzügen die Prüfung einer Kamera erfolgen kann, ist schon auf S. 8 beschrieben worden. Hier soll der Gang der Prüfung nebst den hierzu nötigen Hilfsmitteln eingehend betrachtet werden.

Bei der zu prüfenden Kamera wird zuerst rein äußerlich festgestellt, ob sie nicht irgendwelche, die Arbeit störende Fehler besitzt. Wenn das nicht der Fall ist, muß untersucht werden, ob die Rotationsachse des Präparates mit der Achse des Zylinders zusammenfällt. Als Hilfseinrichtung wird hierzu ein Mikroskop verwandt, bei dem man den Tisch entfernen und statt des Spiegelhalters einen Bolzen aus Metall derselben Größe, wie zur Befestigung der Kamera am Röntgenrohr, einschrauben kann. Auf diesen Bolzen wird jetzt die Kamera gestülpt und in solch einer Höhe festgeschraubt, daß man durchs zurückgeklappte Mikroskop

[1] Kameras, die den Forderungen der asymmetrischen Methode entsprechen (Abb. 3, 4), können geliefert werden.

durch die Blendenöffnung die Mitte der Kamera betrachten kann (Abb. 9). Hierzu eignet sich am besten ein gewöhnliches Mikroskop nach WIKEL-ZEISS; das Objektiv muß eine längere Brennweite, etwa 50 mm, und das Okular eine Teilung besitzen. Eine etwa 20fache Gesamtvergrößerung genügt vollständig. Zur genaueren Beobachtung wird eine Spaltblende am Okular befestigt.

Auf die Achse der zu untersuchenden Kamera wird dann ein Zentrierkopf (Abb. 7) geschraubt, an dessen Zunge ein 0,02—0,05 mm dickes Glasstäbchen geklebt ist. Dieses Stäbchen muß unter einem anderen Mikroskop (Abb. 18, S. 34) so sorgfältig zentriert sein, daß es überhaupt nicht „schlägt". Erst dann hat es einen Sinn, den Deckel samt

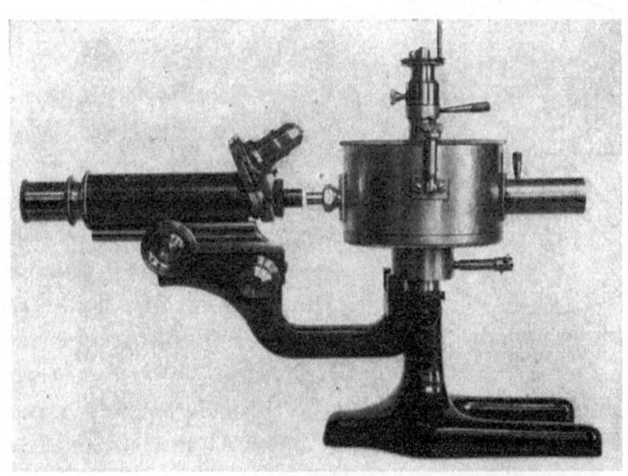

Abb. 9. Prüfung einer Kamera unter dem Mikroskop. Die Prüfung kann auch bei entfernter Blende erfolgen.

zentriertem Stäbchen auf die Kamera zu setzen (Abb. 9). Hier wird jetzt auf der Okularskala die Stellung des Stäbchens notiert und der Deckel langsam unter stetiger Beobachtung durchs Mikroskop um 360° gedreht. Ändert der Glasstab dabei seine Stellung nicht, so ist anzunehmen, daß die Achse des Präparates mit der des Filmzylinders zusammenfällt. Ist aber dieser Zustand nicht erreicht worden, so wird weiter mit Hilfe des Okularmikrometers die Größe der Exzentrizität festgestellt, um zu entscheiden, ob sich der Deckel der Kamera für Präzisionsmessungen eignet oder nicht. Übersteigt die Exzentrizität nicht 0,01 mm, so wird durch eine auf dem Deckel eingefeilte Kerbe diejenige Lage auf der Kamera fixiert, die die höchste Abweichung des Präparates vom Zentrum anzeigt; die Kerbe wird dann in Richtung des Strahles eingestellt: diese Lage beeinflußt nicht die Symmetrie der Linien auf dem Film. Ist jedoch die Exzentrizität größer, so muß entweder ein neuer Deckel angefertigt oder der alte auf die schon beschriebene Weise verbessert oder auch ein besonderes, verschiebbares Achsenlager hergestellt werden (s. S. 9).

Die weitere Prüfung wird dann durch Aufnehmen einer Substanz, deren Gitterkonstante genau bekannt ist, durchgeführt. Wie schon erwähnt, eignet sich hierzu am besten reinstes Aluminium. Letzteres ist jetzt leicht zugänglich, seine Gitterkonstante ist genügend genau bekannt (Tabelle 1, S. 10). Sehr häufig wird auch Silber als Eichsubstanz empfohlen, doch besitzt dieses Metall den Nachteil, daß die mit Cu-Strahlung erhaltenen letzten Interferenzen unter einem kleineren Glanzwinkel als die von Aluminium fallen. Noch ungünstiger ist der von BRADLEY und JAY vorgeschlagene Quarz, da er im Bereich der großen Winkel nur schwache, wenn auch mehrere Interferenzen liefert; außerdem muß c/a schon vorher bekannt sein. Ist eine kleine Exzentrizität des Deckels festgestellt worden, so können zwei Aufnahmereihen gemacht werden: die eine mit der Kerbe in der Strahlrichtung, die andere bei um 180° versetztem Deckel. Die Stellung des Präparates in der Kamera ist in diesen Fällen durch *1* und *2* der beiliegenden Abb. 10 wiedergegeben. Aus dem Unterschied $\Delta\vartheta$ (Interferenz 333), welcher aus zwei besonderen Aufnahmen in den Stellungen *1* und *2* des Al-Präparates erhalten wurde, läßt sich die Abweichung p des Präparates vom Zentrum der Kamera berechnen:

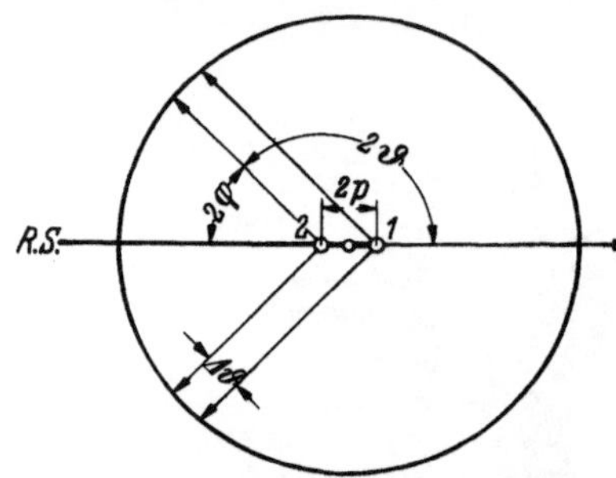

Abb. 10. Exzentrische Stellung des Präparates in der Kamera.

$$\frac{\Delta\vartheta}{2} = p\sin 2\vartheta = p\cos 2\varphi\,. \tag{2}$$

Die Prüfungsergebnisse einer 64-mm-Kamera sind in der Tabelle 3 dargestellt. Statt ϑ ist φ gemessen worden. Zur Ausschaltung subjektiver Fehler wurden die Messungen von zwei Beobachtern unabhängig voneinander durchgeführt.

Aus den beiden ersten Filmen (815 und 819, Stellung 2) berechnet sich die mittlere Konstante für Aluminium zu 4,041375 und aus den beiden letzten (Filme 821 und 824, Stellung 1) zu 4,041425; der Unterschied von 0,00005 Å entspricht $\Delta\varphi = \varphi_1 - \varphi_2 = 0{,}005^g$ oder 0,005 mm, woraus man für $p = 0{,}009$ mm erhält. Die mikroskopische Untersuchung ergab einen Unterschied von ungefähr 0,01 mm. Der Mittelwert aller auf diese Weise erhaltenen Konstanten entspricht aber genau dem Werte, den man erhält, wenn sich das Präparat gerade in der Mitte der Kamera befunden hätte.

Normalerweise zeigt sich ein Unterschied zwischen den so erhaltenen Konstanten nur in der 5. Stelle. Es gelingt aber auch, den Kamera-

Tabelle 3. Al-Aufnahmen in einer 64 mm-Kamera mit einer 1 mm-Rundblende. Cu-Strahlung. Dicke des Präparates 0,18 mm. Zwei Beobachter.

Film Nr.	t °C	φ 333 α_1	φ 333 α_2	a_t α_1	a_t α_2	a_t Mittelwert	a_{25} Mittelwett
815	26,57	9,739°	8,658°	4,04148	4,04155		
		9,741	8,660	4,04150	4,04157	4,04152	4,04138
819	26,62	9,741	8,658	4,04150	4,04155		
		9,741	8,656	4,04150	4,04153	4,04152	4,04137
821	26,43	9,751	8,668	4,04160	4,04164		
		9,742	8,665	4,04151	4,04161	4,04159	4,04145
824	26,54	9,743	8,660	4,04152	4,04157		
		9,741	8,663	4,04150	4,04159	4,04155	4,04140
				Mittelwert			4,04140
				Brechungskorrektur			4
							4,04144
							± 0,00002

deckel so gut herzustellen, daß zwischen den Konstanten, die mit verschiedenen Stellungen des Deckels erhalten wurden, kein merklicher Unterschied besteht.

Solche Kameras eignen sich also ohne weiteres zu Aufnahmen höchster Genauigkeit. Auch mit den minder präzisen Kameras können ebenso gute Resultate erzielt werden, nur müssen hier immer zwei Aufnahmen bei zwei Stellungen des Deckels unternommen werden. Wie ersichtlich, ist die Prüfung der Kameras durch Al-Aufnahmen nicht als eine Eichung anzusehen. Durch die Aufnahmen unterrichtet man sich einfach über die Genauigkeit des Arbeitens einer Kamera. Erhält man aus einigen Filmen einen Wert, der nahe $a = 4{,}04145$ bei 25° C kommt, so kann die Kamera für alle Präzisionsbestimmungen ohne Bedenken, ohne irgendwelche Eichsubstanzen zu gebrauchen, verwendet werden.

4. Der Röntgenthermostat.

Die Bestimmung von Gitterkonstanten nach der asymmetrischen Methode kann vielfach mit einer Genauigkeit, die sogar 0,001% übersteigt, durchgeführt werden. Diese hohe Genauigkeit läßt sich jedoch nur dann erzielen, wenn man bei ganz bestimmter und konstanter Temperatur arbeitet, denn Temperaturschwankungen von sogar 0,1° C beeinflussen schon merklich die Größe der Gitterkonstante in der 5. Stelle, wie das z. B. aus den folgenden Zahlen zu sehen ist:

	a_{25}	$\alpha \cdot 10^6$	Δa für 1° C
TlCl	3,83459 Å	54,57	0,00021 Å
Pb	4,93984	29,10	0,00015
Al	4,04145	23,13	0,00008

Da sich die Zimmertemperatur während der manchmal ziemlich langen Expositionszeiten sogar um mehrere Grad ändern kann, so kann von der Präzisionsbestimmung der Konstanten ohne Thermostat nicht die Rede sein.

Für Röntgenaufnahmen geeignete Thermostaten können auf verschiedene Weise hergestellt werden. Hier, im Rigaer Röntgenlaboratorium, wurden mehrere Thermostaten gebaut und auf ihre Zuverlässigkeit und ihre Eignung für Röntgenuntersuchungen geprüft.

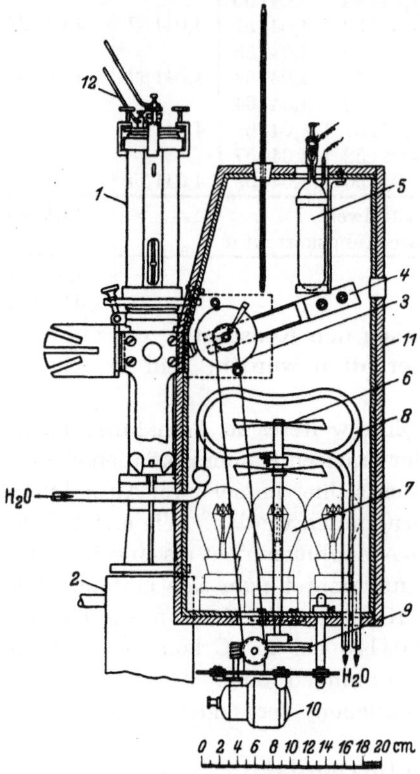

Je nach der Art der Heizung und Wärmeübertragung lassen sich diese in Luft-, Wasser- und Wasser-Luft-Thermostaten einteilen.

Die Luftthermostaten mit elektrischer Beheizung können direkt ans Röntgenrohr angeschraubt werden. Ein Schnitt durch einen solchen Thermostaten zeigt Abb. 11. Die Konstruktion des Thermostaten ist so einfach, daß sie aus der Zeichnung nebst Unterschrift zu verstehen ist. Der hier sich in Arbeit befindende Thermostat wurde aus 5 mm dicken Sperrholzbrettern hergestellt, mit dickem Filz überzogen und zuletzt von außen mit 4-mm-Pappe bedeckt. Rechts ist über die ganze Höhe die Türe angebracht. Außerdem befindet sich hinten links (auf der Zeichnung punktiert) eine kleine Tür, die erlaubt, die Kamera an und abzuschrauben. Zur Beobachtung der Tätigkeit der Kamera ist vorn in deren Höhe noch ein Cellophandoppelfenster angebracht.

Abb. 11. Thermostat für Röntgenuntersuchungen: *1* = SEEMANN-Röntgenrohr. *2* = Diffusionspumpe. *3* = Aufnahmekamera. *4* = Kamerahalter. *5* = Hg-Temperaturregler oder Kontaktthermometer. *6* = Luftschrauben. *7* = Lampenbeheizung. *8* = Cu-Kühlschlangen. *9* = Riemenscheibe zum Antrieb der Luftschrauben. *10* = Motor zum Drehen des Präparates. *11* = Tür des Thermostaten. *12* = Heiz- und Hochspannungszuleitung.

Ein kräftiger Luftstrom ist notwendig, um eine gleichmäßige Temperaturverteilung im Thermostaten zu erreichen. Die Luftschrauben müssen deswegen etwa 1000 Umdrehungen in der Minute machen. Aus denselben Gründen muß der Thermostat von der Wirkung des Kühlwassers der Röntgenröhre möglichst isoliert und der Kamerahalter an die schlecht wärmeleitende Wand des Thermostaten angeschraubt werden.

Besser als ein Quecksilberregler, der den Hilfsheizstrom einschaltet, sobald sich die Temperatur um etwa 0,1—0,3° gesenkt hat, arbeitet ein Kontaktthermometer. Die Temperatur in der Mitte der Kamera entspricht jedoch niemals genau der des Thermostaten.

Für Arbeiten unterhalb Zimmertemperatur kann noch eine Kühlvorrichtung eingebaut werden. Diese besteht aus zwei parallel geschalteten Systemen aus Kupferrohr (Durchmesser 7 mm), in denen sich die Kühlflüssigkeit in entgegengesetzten Richtungen bewegt, um eine möglichst gleichmäßige Temperaturverteilung zu erreichen. Für Arbeiten bis +10° kann als Kühlflüssigkeit Leitungswasser benutzt werden.

Zur Durchführung einer Aufnahme im Thermostaten ist zuerst die Kamera mit dem eingesetzten Film in den Röntgenstrahl einzustellen, das Rohr auszuschalten und die Kamera mehrere Stunden (wenn möglich über Nacht) bei der erforderlichen konstanten Temperatur zu belassen, damit sich die Länge des Films während der später folgenden Exposition nicht mehr ändern kann. Dann erst wird das Röntgenrohr eingeschaltet und die Aufnahme, ohne die Thermostatentür zu öffnen, zu Ende geführt.

Die Herstellung des Luftthermostaten ist billig und ziemlich einfach; doch besitzt dieser einige Nachteile: die Temperatur ist an verschiedenen Stellen innerhalb des Thermostaten verschieden; es müssen sich deshalb alle Thermometer und Temperaturregulatoren immer an ein und derselben Stelle befinden. Obgleich das Thermometer ganz nahe an die Versuchskamera gestellt werden kann, so läßt sich im Innern der Kamera immer eine etwas andere Temperatur als außerhalb messen. Die Differenz kann dabei sowohl positiv als auch negativ sein und ist der Größe nach verschieden bei verschiedener Temperatur des Thermostaten. Die Temperatur im Innern der Kamera muß deshalb mit einem Thermometer, das durch die Tür des Thermostaten und den Tubus bis zur Mitte der Kamera, wo sich das Präparat befindet, reicht, besonders kontrolliert werden. Wird am Thermostaten nichts geändert, so gehört zu einer bestimmten Außentemperatur eine ziemlich bestimmte im Innern der Kamera. Letztere kann deshalb mit einer Genauigkeit von ±0,01 bis 0,02° C aus der abgelesenen Thermostatentemperatur berechnet werden. Der Umstand, daß die Kamera mindestens einige Stunden vor der Aufnahme in den Strahl eingestellt werden muß, bietet einige Unbequemlichkeiten. Diese fallen beim Wasserthermostaten, dessen Querschnitt in Abb. 12 dargestellt ist, weg, da er wesentlich kleiner ist und zu jeder Zeit ans Fenster des Röntgenrohres gestellt werden kann. Der Wasserthermostat besteht aus einem in zwei gleiche Hälften geteilten Zylinder, dessen Innenseiten so gestaltet sind, daß dort eine Kamera untergebracht werden kann.

Außer den Aushöhlungen für die Kamera sind im Zylinder noch solche für die Blende, den Tubus und für die Welle, die zum Drehen des Präparates dient, angebracht. Der Zylinder läßt sich am besten aus 1 mm dickem Messingblech herstellen. Ziemlich schwierig ist die Gestaltung des Innern der beiden Hälften, da die Wände, um die Wärmeübertragung zu fördern, möglichst gut an die der Kamera angepaßt werden müssen. Der Zylinder wird mit warmem Wasser konstanter Temperatur, das von einem HÖPPLER-„Ultrathermostaten" stammt, beheizt. Das Wasser tritt in die untere Hälfte des Zylinders, wird dann in die obere hinübergeleitet und läuft von dort aus in den Ultrathermostat zurück. Statt dieses Apparates kann zum Pumpen der erwärmten Flüssigkeit auch eine einfachere, selbst herstellbare Einrichtung dienen: In einen 10 Liter fassenden, wärmeisolierten Topf wird eine KÖHLERsche Zirkulationspumpe, die durch einen vertikalen Motor betrieben werden kann, gestellt. Zum Wärmen des Wassers sind etwa 500—700 Watt notwendig, die zweckmäßig auf zwei Heizkörper verteilt werden; der eine wird direkt angeschlossen, der zweite dagegen durch einen Schiebewiderstand und Kontaktthermometer mit Relais und dient zum Einhalten der konstanten Temperatur. Zum Arbeiten unterhalb der Zimmertemperatur muß in den Topf noch eine Kühlspirale aus Kupfer eingebaut werden. Eine solche Einrichtung ist erheblich billiger und arbeitet gut. Die Temperatur im Zylinder und in der Kamera kann auch über längere Zeiträume hinweg sehr konstant erhalten werden. Zur Erleichterung der Einstellung in den Strahl wird der Zylinderthermostat auf ein besonderes, durch Schrauben verstellbares Stativ, ähnlich wie das bei den Röntgengoniometern der SEEMANNschen Konstruktion der Fall ist, gestellt. Der Temperaturausgleich erfolgt in solchem Thermostaten viel schneller, auch ist der Unterschied in den Temperaturen des Wassers und in der Mitte der Kamera geringer als im ersten Fall. Dessenungeachtet muß aber auch hier die Temperatur in der Mitte der Kamera kontrolliert werden.

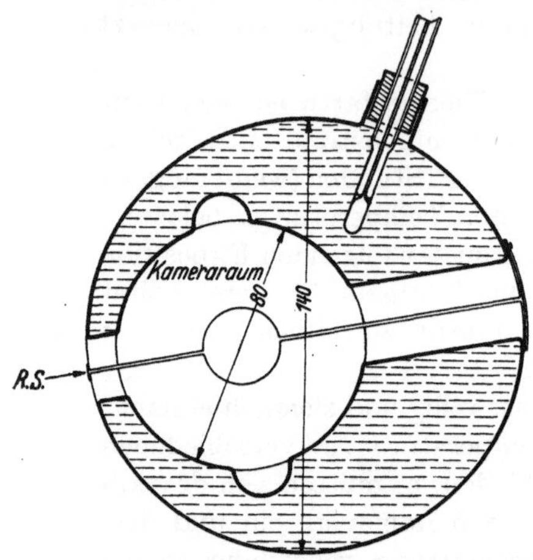

Abb. 12. Querschnitt durch den Wasserthermostat für Röntgenuntersuchungen.

Am bequemsten für die Arbeit sind jedoch die Wasser-Luft-Thermostaten, die aus einer wasserbeheizbaren äußeren Wand bestehen. Die Wärme wird von dieser durch ein massives Stativ aus Messing und die Luft auf die Kamera übertragen. Die Temperatur kann durch zwei

Thermometer kontrolliert werden, von denen sich eins im Wasser konstanter Temperatur, das andere in nächster Nähe der Kamera befindet. Ein solcher hier hergestellter Thermostat ist in der Abb. 13 zu sehen. Denselben Thermostat in geöffnetem Zustande mit der Kamera im Innern zeigt Abb. 14.

Die Kamera kann zusammen mit dem Halter nach dem Herausziehen der Antriebswelle leicht aus dem Thermostaten entfernt und wieder

Abb. 13. In der Mitte: Wasser-Luft-Thermostat auf einem Gestell an der Röntgenröhre; *a* und *b* = Schläuche zum Ein- und Ableiten des Wassers konstanter Temperatur zum Ultratheromstaten. An der 2. Röhrenöffnung eine Schichtlinienkamera. Rechts: Motor zum Antrieb dieser und der Kamera im Thermostaten. Links: Luftthermostat mit Kontaktthermometer an der 2. Röhre.

hineingestellt werden. Auch das Einhalten und Einstellen einer bestimmten Temperatur mit Hilfe des Höppler-Ultrathermostaten bereitet nicht die geringsten Schwierigkeiten. Die Konstanz der Temperatur ist in der Mitte der Kamera sehr gut ($\pm 0{,}02°$), es unterscheidet sich diese Temperatur nur unbedeutend von der des Thermostatenwassers. Allerdings stellt sich dieser Zustand erst nach 1—4stündigem Betrieb ein. Diese Zeit ist aber sowieso notwendig, damit sich der Film an die neuen Umstände vollständig anpassen kann. Erst dann wird die Kamera zusammen mit dem Thermostaten in den Strahl der Röntgenröhre eingestellt. Die Wände des Thermostaten sind so eingerichtet, daß alle Stellen vom Wasser gleichmäßig durchströmt werden.

Alle die hier beschriebenen Thermostaten haben den Nachteil, daß die Untersuchungen nur in einem ziemlich engen Intervall durchgeführt werden können: von etwa 0—70°, da oberhalb 70° die allgemeine Filmschwärzung schon zu stark ist. Dafür ist aber die Temperatur des Präparates so genau bekannt, daß Bestimmungen der Ausdehnungskoeffizienten in sogar kleineren Intervallen als 10° vollständig möglich sind.

Abb. 14. Geöffneter Wasser-Luft-Thermostat mit einer Kamera auf dem Kamerahalter. Rechts: verstellbarer Antrieb der Kamera vermittels einer biegsamen, wärmeisolierenden Welle (Vakuumschlauch). Unten: Gestell zum bequemen Einstellen der Kamera in den Strahl. Der Leuchtschirm kann bei geschlossenem Thermostat durch eine verschließbare wärmeisolierte Öffnung in der Tür beobachtet werden.

5. Die Meßapparate und die Vermessung der Filme.

Auf dem Film entstehen die Linien an den Stellen, wo die Kegel der interferierenden Strahlen die innere Fläche des Filmzylinders schneiden. Breitet man den Film aus, so sieht man keine Kreise mehr, sondern Ellipsen und Parabeln oder deren Teile. Mißt man den Abstand zwischen je zwei Scheitelpunkten der Parabeln, die zu beiden Seiten der Austritts- oder Eintrittsöffnung des Röntgenstrahles liegen und von derselben Fläche stammen, und rechnet diesen in mm erhaltenen Abstand in Grad um, so erhält man den 4fachen Glanzwinkel ϑ (oder φ). Das ist der einzige experimentell feststellbare Wert, den die Braggsche Formel fordert. Leider ist nun der auf diese Weise gemessene Winkel nicht der echte Glanzwinkel, sondern er bedarf noch einer Korrektur. Die Präzision der Bestimmung des Glanzwinkels hängt also noch davon ab, wie genau es gelingt, die Korrektur festzustellen. Hier soll nur die Rede von der Filmvermessung sein, während die Korrekturen weiter unten betrachtet werden sollen.

Der Abstand zwischen je zwei Interferenzlinien wird immer auf dem ausgebreiteten Film auf dessen „Äquator", der durch die Scheitelpunkte der Ellipsen und Parabeln geht, gemessen. Für ganz rohe Messungen kann ein Zirkel dienen, mit dem man diese Abstände auf einen Maßstab überträgt. Fehler von einigen zehntel Millimeter sind dann keine Seltenheit. Viel besser läßt sich schon mit einem Maßstab arbeiten, auf dem der Film ausgebreitet und befestigt werden kann. Hierzu eignen sich am besten Stäbe aus Metall oder Platten aus Glas, auf die etwa eine 250 mm lange Teilung graviert ist. Maßstäbe aus Zelluloid oder anderen gewöhnlichen plastischen Materialien sind unverwendbar, da sie nicht maßbeständig sind. Zum besseren Ablesen wird über dem Film ein sich selbst parallel verschiebbarer Rahmen, auf dem ein dünner Faden (unter 0,04 mm) oder ein Haar aufgespannt ist, gestellt. Am Rahmen ist außerdem noch eine Lupe so angebracht, daß der Faden, die Linien des Films und die Teilungen des Maßstabes scharf erscheinen. Die Vergrößerung der Lupe muß 3—4fach sein; eine stärkere ist bei nicht besonders scharfen Linien unzweckmäßig, da dann das Korn sichtbar wird und die Linien verschwimmen. Zum Vermessen wird der Faden tangential zum Scheitelpunkt so gestellt, daß jener die Mitte der Linie trifft, dann wird die entsprechende Teilung möglichst genau abgelesen. Sind die Teilstriche auf der Skala präzis aufgetragen und dünn, so lassen sich auf einer nur in halbe Millimeter geteilten nach einiger Übung die Abstände sogar mit einer Genauigkeit von $\pm 0{,}04$—$0{,}02$ mm ablesen. Eine Skala, die feiner als in 0,2 mm geteilt ist, eignet sich zum Messen weniger, da die Teilstriche beim Auflegen des Fadens auf die Mitten der Linien störend wirken. Natürlich kann das Ablesen der Skala von den Linien raumgetrennt durch eine besondere Lupe erfolgen, doch läßt es sich in diesem Fall nicht so schnell und bequem arbeiten.

Sehr gut, aber auch teuer sind manche im Handel erhältlichen langen Komparatoren (Sip, Zeiss, Cambridge Inst. Co. u. a.), mit denen sogar 0,002—0,001 mm abgelesen werden können. Es muß jedoch darauf hingewiesen werden, daß wegen der ziemlichen Breite der Debye-Linien die hohe Präzision dieser Instrumente nicht vollauf ausgenutzt werden kann. Nach unseren Beobachtungen ist es sehr schwer, ja fast unmöglich, die Linienmitten mit einer höheren Genauigkeit als $\pm 0{,}005$ mm zu bestimmen. Das entspricht bei Filmen einer 57,7-mm Kamera etwa 0,002—0,003°.

Die letztgenannte Präzision läßt sich in einzelnen Fällen auch mit verhältnismäßig billigen, selbstkonstruierten Instrumenten erreichen. Der Aufbau des hier in Riga konstruierten, 250 mm langen Komparators ist leicht aus den Abb. 15 und 16 zu verstehen. Eine genau in ganze Millimeter geteilte Glasskala ist in einem Metallrahmen, dessen Enden auf besonderen Füßen ruhen, befestigt. Die Skala muß sorgfältig und genau graviert, die Striche dürfen nicht dicker als 0,02—0,03 mm sein. Bei der Herstellung der Skala muß mindestens eine Präzision von $\pm 0{,}005$ mm eingehalten sein, wovon man sich überzeugt, indem man die ganze Skala Millimeter für Millimeter unter einem Meßmikroskop prüft. Zweckmäßig befindet sich die Teilung unter der Glasskala, so daß der zu vermessende Film unter die Skala gelegt und mit einer Glasplatte entsprechender Länge mit zwei Federn ans Glas angedrückt werden kann. Der Umstand, daß der zu vermessende Film in seiner ganzen Länge und Breite zwischen zwei Glasplatten geklemmt ist, be-

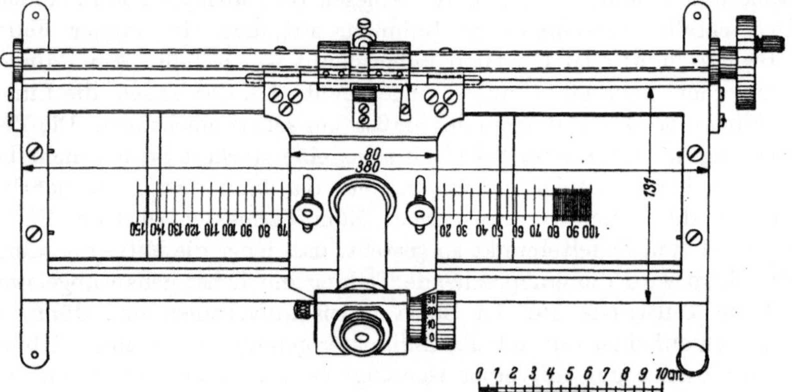

Abb. 15. Einfacher Komparator zum Vermessen der Filme. Aufsicht.

sitzt einige wichtige Vorteile: da die Vermessung eines Films wenigstens eine Stunde und bei einer größeren Linienzahl noch viel länger dauert, und da die Länge des Films sich während dieser Zeit nicht ändern darf, so müssen alle Umstände, die die Änderung der *Filmlänge* hervorrufen könnten, ausgeschlossen werden. Diese ist ziemlich stark von der Luftfeuchtigkeit (ausgeatmete Luft!) und der Temperatur abhängig. Vor dem Vermessen müssen deshalb die Filme einige Stunden in der Nähe des Komparators ruhen. Befindet sich dann der Film im Instrument eingeklemmt, so behält er seine augenblickliche Länge während der Vermessungszeit bei. Trotzdem muß das Instrument während dieser Zeit vor plötzlichen Temperaturänderungen geschützt werden. Weiter darf sich die Vermessung nicht allzulange hinziehen, auf keinen Fall unterbrochen, um dann sogar am anderen Tage fortgesetzt zu werden. Es konnte nämlich an längeren Filmen beobachtet werden, daß sich die Lage der Linien gegen die Skala am anderen Morgen geändert hatte, da über Nacht eine Schrumpfung oder Verlängerung des Films eingetreten war. Außerdem wird der Film, zwischen zwei Glanzplatten liegend, vor Kratzern und anderen Beschädigungen bewahrt.

Oberhalb der Glasskala ist ein Schlittenmikroskop, das ein Mikrometerschraubenokular enthält, angebracht. Das Mikroskop gleitet auf dem Metallrahmen der Skala und besitzt eine 5—7 fache Vergrößerung. Zur bequemen und genauen Verschiebung des Mikroskops längs der ganzen Länge des Films dient eine Schraube, die mit dem Schlitten gekoppelt ist. Durch das Okular können ebenso wie im vorigen Fall gleichzeitig die Linie und die Teilungen der Skala beobachtet werden. Mit Hilfe der Schraube wird das Mikroskop so verschoben, daß die 0-Teilung des Okularmikrometers genau mit einer Teilung der Skala, die sich der zu vermessenden Linie am nächsten befindet, zusammenfällt. Dann wird der Fadenkranz des Okulars, das sich eben auf der Teilung Null der Okularskala befand, mit Hilfe der Mikrometerschraube auf die *Mitte* der fraglichen Linie gestellt. Jetzt liest man auf der Trommel den Abstand der Linie bis zur nächsten ganzen Teilung der Skala ab und hat auf diese Weise die Lage der Linie fixiert: die ganzen Millimeter liefert die Skala, die Bruchteile der Millimeter dagegen die Trommel des Mikrometerokulars. Auf diese Weise läßt sich die Stellung sehr scharfer Linien mit einer Genauigkeit von sogar $\pm 0{,}005$ mm ablesen. Wie ersichtlich, ist hier eine Messung mit zwei Einstellungen verknüpft, die jede einen Beitrag zum Ablesefehler liefert. Die Instrumente, bei denen nur eine Einstellung nötig ist, sind deshalb besser, doch müssen diese eine Präzisionsschraube von 32 cm Länge (für längere Filme) besitzen.

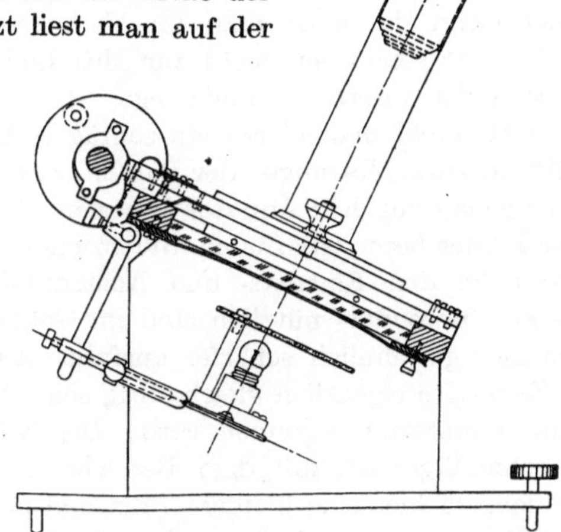

Abb. 16. Querschnitt. Der Film wird unter die etwa 6 mm dicke Skala gelegt und mit einer dünneren Glasplatte und Feder von unten an jene angedrückt.

Zur Orientierung über die Lage des Films unter der Skala muß das Mikroskop schnell hin und her verschoben werden. In diesem Fall kann es leicht von der Schraube abgekoppelt und mit der Hand verschoben werden.

Die auf der Zeichnung (Abb. 15) sichtbare Skala besitzt den Nullpunkt in der Mitte. Eine solche Anordnung ist bequem, aber durchaus nicht unerläßlich, denn es kann zur Messung auch eine jede andere genau geteilte Skala verwandt werden.

Die Beleuchtung des Films erfolgt von unten durch ein 4 V-Lämpchen, das eine Milchglasscheibe hell beleuchtet und sich zusammen mit dem Mikroskop bewegt, so daß man unter der zu vermessenden Linie immer dieselbe Stelle des Milchglases hat. Das Lämpchen wird von einem Klingeltransformtor gespeist; die Stärke des Heizstromes kann durch einen Rheostat reguliert werden, so daß man sich mit der Beleuchtung an die Schwärzung einer jeden Stelle des Films anpassen kann.

6. Ein Beispiel der Filmvermessung.

Da die Filmvermessung sich nach unserem Verfahren anders gestaltet, so soll hier am Beispiel des Aluminiums anschließend an die Beschreibung des Meßinstrumentes der Gang einer Vermessung gezeigt werden.

Aus dem schon Gesagten ist es klar, daß die Vermessung gerade auf der Mittellinie (dem Äquator) des Films erfolgen muß, da eine Abweichung nach unten oder oben andere Glanzwinkel liefert. Dies tritt auch dann ein, wenn man zur Vermessung einen dünnen Faden, der sich nicht genau senkrecht zur Mittellinie befindet, tangential auf die Mitten der Interferenzlinien legt.

Gebraucht man hierzu ein schräg gestelltes Fadenkreuz, wie das in allen unseren Messungen der Fall ist, so muß sich der Kreuzpunkt ebenfalls genau auf dem Äquator bewegen. Dieser läßt sich an jedem Ende des Filmes besonders finden, indem man sich der Interferenzen bedient, die nahe den Eintritts- und Austrittsöffnungen des Röntgenstrahles liegen. Besonders nützlich sind im Gebiet der kleinen ϑ die β-Linien, die hier gewöhnlich schärfer ausfallen als die α-Linien.

Es müßte eigentlich gleichgültig sein, von welchem Ende des Films die Vermessung begonnen wird. Die Erfahrung zeigt jedoch, daß es zweckmäßiger ist, mit dem Bereiche der kleinen Glanzwinkel zu beginnen, da hier eine kleinere Präzision nötig ist und das Auge sich an die Messungen inzwischen schon gewöhnt hat, wenn man die Linien mit großen Glanzwinkeln vornehmen muß. Diesen muß eine besondere Sorgfalt geschenkt werden, da hiervon die Genauigkeit der Bestimmung der Gitterkonstanten abhängt. Bei den Linien mit kleinem ϑ ist das dagegen nicht von so großer Bedeutung, da diese nur zur Berechnung des Filmumfanges oder des effektiven Filmdurchmessers dienen. Ein kleiner Fehler in dieser Bestimmung beeinflußt aber die Gitterkonstanten sehr wenig, da die Winkel φ meistens klein sind.

Zur Steigerung der Genauigkeit der Ablesung der letzten Linien müssen diese mehrfach abgelesen werden (etwa 10 mal), und aus den erhaltenen Zahlen wird dann der Mittelwert gezogen. In wichtigen Fällen ist es wünschenswert, daß die entscheidenden Messungen noch von einem anderen Beobachter unabhängig durchgeführt werden.

Die Aluminiumaufnahme wurde mit Cu-Strahlung in einer 57,7 mm-Kamera gemacht; die Dicke des Präparates betrug 0,18 mm, die Thermostatentemperatur 23,10° C, und die Belichtung dauerte 8 Stunden (Film Nr. 524).

Zur Bestimmung des Filmumfanges wurden 5 Linien um den Ausgangspunkt des Primärstrahles vermessen (im Bereich b und c, Abb. 17).

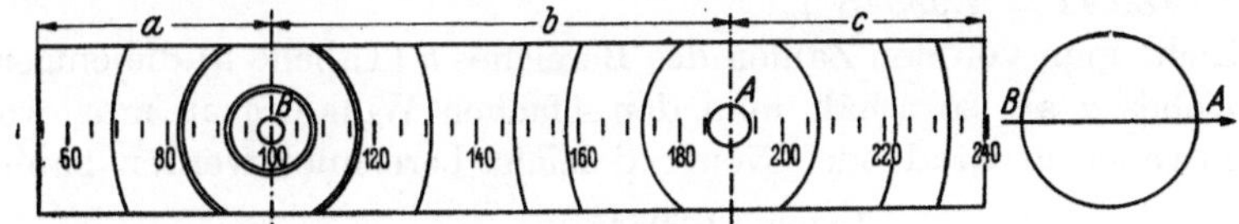

Abb. 17. Skala mit dem zu vermessenden Film.

Bei linienarmen Filmen kann man sich mit einigen, sogar mit einer Linie begnügen. Zählt man die Zahlen, die für eine jede Linie im Bereich b und c erhalten worden sind, zusammen, wie das in der Tabelle 4

Tabelle 4. Bestimmung des Filmumfanges oder des effektiven Durchmessers.

Index	111 β	002 β	002 α	022 β	022 α
Bereich b auf dem Film	172,51	169,71	167,44	160,73	157,21
Bereich c auf dem Film	207,23	210,03	212,31	219,04	222,54
Zweifache Entfernung des Punktes A vom Nullpunkt der Skala	379,74	379,74	379,75	379,77	379,75
Zweifache Entfernung des Punktes B vom Nullpunkt der Skala.	199,34	199,34	199,34	199,34	199,34
Filmumfang in mm	180,40	180,40	180,41	180,43	180,41

Mittelwert des Filmumfanges = 180,41 mm; 1 mm auf dem Film = $400^g : 180{,}41 = 2{,}217172^g$.

gezeigt ist, so erhält man einen Mittelwert von 379,75 mm. Das bedeutet, daß der Ausgangspunkt des Strahles A sich auf der Teilung 379,75 mm : 2 vom Anfang der Skala befindet. Wiederholt man dasselbe mit den Linien um den Punkt B (Tabelle 5), so findet man, daß sich der Ein-

Tabelle 5. Bestimmung des Eintrittspunktes B des Röntgenstrahles auf der Skala und der Winkel φ.

Index	224 α_1	224 α_2	333 α_1	333 α_2
Bereich b auf dem Film	120,945	120,63	108,44	107,45
Bereich a auf dem Film	78,375	78,72	90,91	91,89
Zweifache Entfernung des Punktes B vom Nullpunkt der Skala[1] .	199,32	199,35	199,35	199,34
$4\,\varphi$ in mm	42,57	41,91	17,53	15,56
φ in Grad (Neugrad)	23,642	23,230	9,717	8,625
Gitterkonstante a (bei 23,1° C ohne Brechungskorrektion)	4,04116	4,04130	4,04127	4,04127

[1] Für die Tabelle 4 notwendig.

trittspunkt des Röntgenstrahles 199,34 mm : 2 vom Nullpunkt der Skala entfernt befindet. Hieraus berechnet sich der augenblickliche Filmumfang zu 379,75 mm — 199,34 = 180,41 mm; oder 1 mm auf dem ausgebreiteten Film entspricht: $400^g : 180{,}41 = 2{,}217172$ Neugrad (oder $360° : 180{,}41 = 1{,}99545°$).

Zieht man von den Zahlen des Bereiches *b* (Tabelle 5) diejenigen des Bereiches *a* ab, so erhält man den 4fachen Winkel φ in mm, woraus φ entweder in Grad oder Neugrad leicht berechnet werden kann:

$$\varphi_{\text{Grad}} = \frac{4\varphi\text{mm} \cdot 1{,}99545}{4} = 4\varphi_{\text{mm}} \cdot 0{,}49886$$

oder

$$\varphi_{\text{Neugrad}} = \frac{4\varphi\text{mm} \cdot 2{,}217172}{4} = 4\varphi_{\text{mm}} \cdot 0{,}55429\,.$$

Werden zur Berechnung der Konstanten Logarithmentafeln gebraucht, so ist es bequemer, die Winkel in Neugrad auszudrücken. Auch Tafeln, in denen die gewöhnliche Gradeinteilung beibehalten ist, jedoch mit 0,1, 0,01, 0,001° operiert wird, sind gut (PETERS, BREMIKER). Sehr lästig und vollständig überflüssig ist das Rechnen mit Minuten und sogar Sekunden. Für Präzisionsmessungen eignen sich am besten sechsstellige Tafeln. Die sehr bequemen Tafeln von JORDAN-EGGERT (neue zentesimale Teilung) sind zu empfehlen. Mit ihnen kann viel schneller gearbeitet werden als mit den siebenstelligen; zudem ist die Genauigkeit vollständig ausreichend, da der Fehler bei der Berechnung der Konstanten schon in 5. Stelle liegt. Es ist dabei sehr leicht, von Neugrad zu gewöhnlichen Graden überzugehen; man hat nur den 10. Teil abzuziehen; so ist z. B. $9{,}846^g = 9{,}846 - 0{,}985 = 8{,}861°$. Ist eine Rechenmaschine zur Hand, so können zur Abkürzung der Arbeit statt der Logarithmentafeln Funktionstabellen gebraucht werden.

In der letzten Reihe der Tabelle 5 findet man die aus den Winkeln φ berechneten Konstanten (Berechnung s. Abschn. 12, S. 53). Die beiden letzten Werte sind als die genauesten zu betrachten, da bei größerem φ die Resultate schon stark schwanken.

7. Das Pulverpräparat.

a) Die Herstellung, das Ankleben und Zentrieren des Glasstäbchens. Zur genauen Bestimmung der Gitterkonstanten sind möglichst scharfe Linien notwendig. Das kann durch Verwendung sehr dünner Präparate und deren tadellose Zentrierung erreicht werden. Außerdem sind solche Präparate noch dazu notwendig, um die Verschiebung der letzten Linien durch Absorption so weit herabzudrücken, daß diese vernachlässigt werden kann.

Der kleinstmögliche Durchmesser des Präparates wird durch zwei Umstände bestimmt: 1. durch die technischen Schwierigkeiten bei der

Herstellung und 2. durch die Belichtungszeit. Die dünnsten von uns angefertigten Präparate hatten einen Durchmesser von 0,08—0,1 mm. Es ist zwar möglich, in einzelnen Fällen noch dünnere Präparate herzustellen, doch ist normalerweise der angegebene Durchmesser als die unterste Grenze zu betrachten, da noch dünnere Präparate sehr empfindlich gegen leichteste Deformationen und Erschütterungen sind. Außerdem steigt beim Gebrauch von Rundblenden bei solchen Präparaten die Belichtungszeit stark an. Als normaler Durchmesser der Pulverpräparate ist deshalb ein solcher von 0,1—0,2 mm zu betrachten.

Zur Herstellung der Glasstäbchen eignet sich am besten ein für die Röntgenstrahlen möglichst durchlässiges Glas wie Quarz- oder Bor-Lithium-Glas. Da ersteres nur in den Fällen, wo das zu untersuchende Pulver mit dem Glas reagiert, verwandt werden muß, so ist meist letzteres im Gebrauch. Dieses Glas besteht aus den Oxyden leichter Elemente, die im Röntgenlichte eine so langwellige Fluoreszenzstrahlung aussenden, daß diese durch die Luft vollständig absorbiert wird. Eine Schwärzung der Filme durchs Glas allein findet deshalb nur in sehr geringem Maße statt. Das Glas läßt sich am besten nach einer Vorschrift von SCHLEEDE und WELLMANN herstellen, indem man in einem Platintiegel

1,4 Gewt. $BeCO_3$,
4,3 „ Li_2CO_3,
18,3 „ $B(OH)_3$

zusammenschmilzt[1]. Das Glühen wird so lange fortgesetzt, bis sich keine CO_2 mehr entwickelt und die Schmelze vollständig klar erscheint. Dann wird die Flamme so weit vermindert, daß der Inhalt des Tiegels dunkelrot leuchtet. Durch Eintauchen gewöhnlicher Glasstäbchen in die Schmelze und schnelles Ziehen können leicht Glasfäden beliebiger Dicke, sogar bis unter 0,01 mm herab, hergestellt werden. Die für die Präparate am geeignetsten sind 0,03—0,08 mm stark. Da dieses LINDEMANN-Glas empfindlich gegen die Laboratoriumsluft ist, so muß es in gut verschlossenen Röhrchen aufbewahrt werden. Die Stäbchen halten sich dann jahrelang, ohne undurchsichtig und brüchig zu werden. Braucht man Stäbchen aus Quarzglas, so können auch diese leicht erhalten werden, wenn man die Spitzen entsprechender Scherben im Azetylen-Sauerstoff-Gebläse bis zur Weißglut erhitzt und Fäden zieht.

Für die Pulverpräparate sind 7—8 mm lange Stäbchen notwendig: 3—4 mm zum Ankleben an die Zunge des Zentrierkopfes und das übrige Stück zum Auftragen des Pulvers. Um Vibrationen auszuschalten, empfiehlt es sich, nicht längere Stäbchen zu gebrauchen.

Das Ankleben des Stäbchens an die Zunge des Zentrierkopfes erfolgt am besten folgendermaßen: Die Zunge wird mit einer dünnen Schicht

[1] SCHLEEDE, A., u. WELLMANN, M., Z. Kristallogr. **83**, 148 (1932).

eines nichttrocknenden Leimes bedeckt (z. B. Raupenleim, Höchst); dann faßt man mit einer Pinzette, deren Enden mit Leder bedeckt sind, ein Glasstäbchen, schneidet mit der Schere das 7—8 mm übersteigende Stück ab und legt das Stäbchen auf die Zunge, an der es sofort haftet. Weiter richtet man es mit Hilfe einer Nadel ungefähr parallel der Achse der Zunge aus. Zuletzt legt man auf die Zunge ein kleines Körnchen Picein oder Wachs und bringt dieses durch Annäherung eines erhitzten Drahtes zum Schmelzen. Hierbei löst das Picein den Leim, und das Stäbchen sitzt nach dem Erkalten fest an der Zunge. Die so angeklebten Stäbchen können, ohne daß sich die eingestellte Lage ändert, bis 70° erwärmt werden. Sollen bei noch höheren Temperaturen Aufnahmen gemacht werden, so ist ein schwerer erweichender Stoff zu wählen.

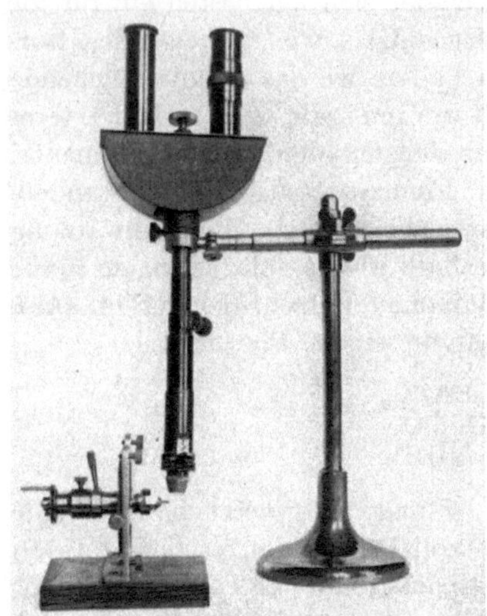

Abb. 18. Das Zentrieren von Pulverpräparaten.

Nach dem Ankleben des Stäbchens muß letzteres sorgfältig zentriert werden. Hierzu stellt man den Deckel der Kamera, durch den die Achse durchgelassen ist und der den aufgeschraubten Zentrierkopf mit Stäbchen trägt, in ein besonderes Gestell, das unter ein 15—20fach vergrößerndes Mikroskop gesetzt werden kann (s. Abbildung 18). Zum Zentrieren von Einkristallen muß das Gestell dagegen an den Tisch des Mikroskopes fest angeschraubt werden, da hier das Zentrieren und Justieren viel schwieriger ist. Ein Okular mit Kreuzfaden ist in allen Fällen unentbehrlich. Durch Beobachten des rotierenden Stäbchens im Mikroskop kann festgestellt werden, ob es parallel zur Rotationsachse eingestellt ist. Wenn nicht, so muß die Zunge (mit dem Stäbchen) so lange durch leichtes Anstoßen gerichtet werden (Kugelgelenk!), bis das Stäbchen vollständig parallel zur Rotationsachse steht. Erst dann wird mit Hilfe des Kreuzschlittens genau zentriert. Letzteres ist durchaus notwendig, da eine ungenaue Zentrierung ebenso wirkt wie eine Vergrößerung des Durchmessers des Präparates.

Gelingt es nicht, den Glasstab vollständig parallel der Rotationsachse zu richten, dann wird die Schlittenverschiebung so verschoben, daß die Stelle, an der der Röntgenstrahl das Präparat trifft, sich bei der Rotation nicht aus der Achse herausdreht. Die Paralleleinstellung des Stäbchens gelingt sehr gut mit kleinen Goniometerköpfen (s. S. 70).

b) Die Vorbereitung des zu untersuchenden Stoffes. Die Schärfe der Linien hängt nicht nur von der Dicke des Präparates, sondern auch von den Eigenschaften des Pulvers ab. Um scharfe, gleichmäßig geschwärzte Linien zu erhalten, muß die Korngröße des Pulvers zwischen 10^{-3} und 10^{-5} cm liegen[1]. Ist das Korn gröber, so lösen sich die Linien ganz oder teilweise in einzelne schwärzere Punkte auf, ist es dagegen feiner, so beginnen die Linien sich zu verbreitern.

Spröde Stoffe, wie z. B. die meisten Salze, Oxyde und auch manche Metalle, bereiten in dieser Hinsicht keine Schwierigkeiten. Beim Reiben in einem Achatmörser (1—2 g), gelingt es meist schon in 20—30 Minuten, ein Pulver genügender Feinheit zu erhalten. Ist der Stoff nicht sehr hart, so ist anzunehmen, daß kein Achat ins Pulver hineingerieben wird.

Viel schwieriger fällt es, plastische Stoffe in Pulverform zu überführen, wie z. B. die meisten Metalle, besonders wenn sie sehr rein sind. Das Feilen führt hier gewöhnlich zum Ziel, doch müssen möglichst feine Feilen gebraucht werden. Es besteht dabei die Gefahr, daß besonders bei hartem Material Eisen ins Pulver gelangt. Falsche Resultate können dann erhalten werden, wenn bei nachträglichem Erhitzen des Materials das Eisen in Lösung geht. Um dem vorzubeugen, muß das erste Feilicht weggeworfen werden, auch dürfen nicht zu harte Materialien gefeilt werden. Für jedes Metall, jede Legierung muß eine neue, unbenutzte Feile gebraucht werden. Die Entfernung des Eisens aus dem Pulver mit Hilfe eines Magneten gelingt nicht.

Feines Pulver aus harten Metallen kann am besten durch Schaben hergestellt werden, wozu ein Material verwendet werden muß, das sich im Metall beim Erhitzen nicht löst. So kann man Porzellan-, Quarz-, Sinterkorund-, oder Scherben aus anderen sehr harten Materialien mit Erfolg benutzen. Das Schaben ist zwar sehr langwierig, liefert aber ein sauberes Versuchsmaterial.

Beim Zerkleinern wird das Gitter der Versuchssubstanz mehr oder minder stark deformiert. Die Linien solcher Stoffe erscheinen deshalb auf dem Film unscharf und verwaschen. Die Wiederherstellung des Gitters kann durch Erhitzen erfolgen, wobei auch Rekristallisation eintritt. Die Temperatur, bis zu der erhitzt werden muß, damit die Atome des Stoffes eine genügende Beweglichkeit erlangen, hängt vom Stoffe selbst ab. Im allgemeinen muß ein Stoff zur Aufhebung der inneren Spannung um so höher erhitzt werden, je höher dessen Schmelzpunkt ist. Sehr spröde Materialien, wie z. B. Quarz, bilden hier eine Ausnahme. Dagegen müssen Ir, Rh und andere Pulver hoch schmelzender Metalle mehrere Stunden lang bis über 1200° erhitzt werden. Die Spannungen

[1] ECKELL, J.: Z. Elektrochem. **39**, 856 (1933). — GOUGH, H. J., u. W. A. WOOD: Proc. roy. Soc. A. **154**, 510 (1936).

niedrig schmelzender Metalle verschwinden dagegen sehr schnell, wenn man diese bis auf einige Grad unter den Schmelzpunkt erhitzt.

Das Tempern muß so durchgeführt werden, daß der Stoff weder seine Zusammensetzung (z. B. durch Zersetzung) ändert, noch sich oberflächlich oxydiert; auch darf er nicht mit dem Material des Gefäßes reagieren. Deshalb muß bei empfindlichen Stoffen das Tempern in einem inerten Gase oder im Vakuum erfolgen, indem man das Material, wenn möglich, in Röhren aus Glas einschließt. Für höher schmelzbare Substanzen können Duran- und Querzglas, Porzellan, Sinterkorund und andere Materialien gebraucht werden. Schwierigkeiten entstehen bei solchen Stoffen, die sich schon bei niedrigen Temperaturen zersetzen oder solchen, die über 1000° erhitzt werden müssen. Während man im ersten Fall mit der Drehkristallmethode zum Ziel kommen kann (s. S. 59), so muß im letzteren Fall ein widerstandsfähigeres Erhitzungsrohr ausgesucht werden.

Um zuletzt das Präparat durchweg gleichmäßig zu erhalten, werden die Pulver durch ein sehr feines Sieb (10000 Maschen pro cm^2) unter leichtem Druck durchgerieben oder gesiebt.

Ob das so erhaltene Pulver seinem Zwecke entspricht, kann nur durch Aufnahmen entschieden werden: die letzten Linien müssen nicht nur in α_1 und α_2 aufgespalten sein, sondern auch vollständig scharf erscheinen.

Ein geübtes Auge erkennt schon auf den ersten Blick, ob die Deformation aufgehoben worden ist oder nicht. Im Falle verwaschener Interferenzen muß das Tempern bei höherer Temperatur wiederholt werden.

Unter mehreren hergestellten Präparaten wird zu den Präzisionsmessungen natürlich das gewählt, welches bei Probeaufnahmen die schärfsten Linien lieferte.

c) Das Befestigen des Pulvers am Glasstäbchen. Das hergestellte Pulver wird mit Hilfe eines nichttrocknenden Leimes ans zentrierte Glasstäbchen geklebt. Als sehr gut hat sich der Raupenleim „Höchst" erwiesen, da er auch nach längerer Zeit nicht trocknet, keine Interferenzen liefert und mit den meisten anorganischen Verbindungen nicht reagiert[1]. Das Auftragen einer dünnen Schicht des Leimes erfolgt, indem man einen etwa 0,1 mm dicken und 10 cm langen Draht an einem Ende faßt und aufs zweite etwas Leim aufschmiert; dieses Ende wird dann an das um seine Längsachse rotierende Glasstäbchen (im Zentrierkopf) angedrückt und längs des Stäbchens verschoben. Ist die Schicht zu dick und ungleichmäßig (Oberflächenspannung!), so wird diese durch Berühren mit einer reinen Stelle des Drahtes vermindert und geglättet, bis die Schicht eine Dicke von etwa 0,02—0,03 mm erhält (zu beobachten

[1] Erhältlich in Pflanzenschutzmittelgeschäften.

im Okularmikrometer). Je feiner das Pulver, um so dünner muß auch die Leimschicht sein. Für Pulver, die eine Tendenz besitzen, Klumpen zu bilden, ist dagegen eine dickere Schicht zu wählen. Ans fertige leimbedeckte Stäbchen muß sofort das schon früher vorbereitete Pulver angebracht werden.

Man streut das Pulver auf das eine Ende eines in der ganzen Länge etwas geknickten, 5—6 cm langen und 5—6 mm breiten Papierstreifens. Diesen am anderen Ende haltend, drückt man dann einigemal das Pulverhäufchen ans rotierende Stäbchen. Mit Hilfe eines nicht zu starken Luftstromes wird das nicht haftende Pulver vom Stäbchen abgelassen. Im Falle eines feinen, fließenden Pulvers und einer gleichmäßigen Leimschicht verteilt sich jenes vollständig gleichmäßig um den Glasstab, und das Präparat ist zur Aufnahme fertig. Ist die Verteilung der Substanz ungleichmäßig, so muß das Stäbchen noch geglättet werden, indem man mit einem 2 mm breiten und 7—8 cm langen Papierstreifen versucht, die Unebenheiten auszugleichen. Falls es an Geduld nicht fehlt, so gelingt das nach längerer oder kürzerer Zeit. Alle diese Operationen müssen natürlich unter dem Mikroskop durchgeführt werden. Zuletzt wird das fertige Präparat, wenn nötig, noch nachzentriert und dessen Durchmesser festgestellt.

Sind alle erforderlichen Aufnahmen mit einem Präparat hergestellt worden, so kann man das Pulver vom Stäbchen entfernen, um es für andere Aufnahmen zu verwenden. Zu diesem Zweck drückt man einen schmalen, mit Alkohol getränkten Papierstreifen so lange an das rotierende Präparat, bis sich sämtliches Pulver abgelöst hat. Bei Einhaltung nötiger Vorsicht kann so ein Stäbchen längere Zeit für viele Aufnahmen dienen.

Sollen luftempfindliche und hygroskopische Präparate untersucht werden, so können diese durch Einfüllen in dünnwandige Röhrchen und Abschmelzen zur Aufnahme vorbereitet werden. Solche Röhrchen (*Mark*röhrchen genannt) wurden schon 1921 von HULL beschrieben[1] und sind aus gewöhnlichem, LINDEMANN- und Quarzglas herstellbar.

Die Befestigung des Röhrchens an die Zunge des Zentrierkopfes erfolgt ganz ebenso, wie schon im Falle der Glasstäbchen beschrieben.

Zur Erzielung höchster Genauigkeit eignen sich jedoch die Röhrchenpräparate nicht, da sie zumindest zweimal dicker (0,4—0,5 mm) und undurchsichtiger sind als die Stäbchenpräparate und infolgedessen auf den Filmen eine schon merkbare Absorptionsverschiebung liefern. Außerdem vergrößert solch ein Präparat die Untergrundschwärzung, so daß sich die Linien nicht scharf genug abheben. Es ist aber möglich, auch dünnste Stäbchenpräparate von hygroskopischen und luftempfind-

---

[1] HULL, A. W.: Physic. Rev. **17**, 571 (1921).

lichen Substanzen herzustellen, allerdings nur in dünnwandigen Röhrchen eingeschlossen.

d) Herstellung von Präparaten hygroskopischer Stoffe. Meist gelingt es, den hygroskopischen Stoff auf einem feinen Glas- oder Quarzfaden in dünner Schicht auszukristallisieren: man taucht den mit Benzin entfetteten Faden in die stark übersättigte Lösung des Stoffes und hält jenen dann über eine Heizplatte; das Wasser verdampft, und der Faden überzieht sich mit einer dünnen Kristallschicht. Bei mehrfacher Wiederholung der Operation kann eine Schicht der gewünschten Dicke erzielt werden. Das noch warme Stäbchen wird dann sofort in ein vorgewärmtes Markröhrchen gesteckt. Die Kristallschicht darf dabei auf keinen Fall zerfließen, was bei stark hygroskopischen Substanzen schon in einigen Sekunden geschehen kann. Das Röhrchen mit dem Stäbchenpräparat wird dann sofort zum endgültigen Eintrocknen in ein luftdicht abschließbares Gefäß mit Phosphorpentoxyd gestellt.

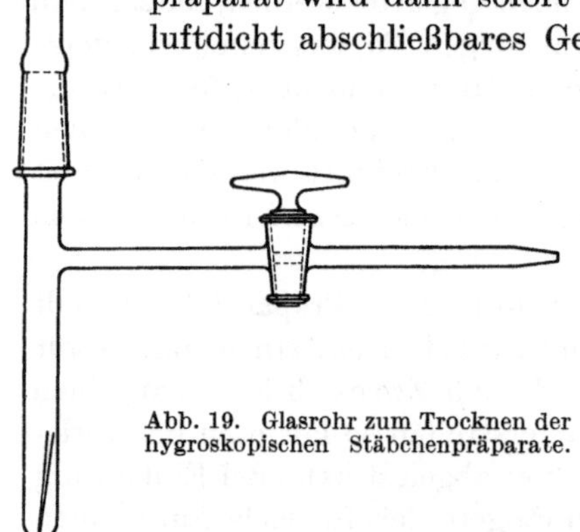
Abb. 19. Glasrohr zum Trocknen der hygroskopischen Stäbchenpräparate.

Es kommt aber vor, daß der gelöste Stoff auf dem Faden keine gute kristalline Schicht bildet, z. B. das NaBr. In solchen Fällen verfährt man folgendermaßen: Das Salz wird im heißen Achatmörser zerrieben und das mit gesättigtem NaBr benetzte Glasstäbchen in das Pulver getaucht. Das Präparat wird dann sofort über der Heizplatte getrocknet und ins Markröhrchen gesteckt.

Um den Rest der Feuchtigkeit aus dem Präparat zu entfernen, wird es in ein Rohr gebracht, das mit trockner Luft gefüllt ist und evakuiert werden kann (Abb. 19). Der untere Teil des evakuierten Rohres, in dem sich das Präparat befindet, wird jetzt nach Bedarf einige Zeit auf die nötige Temperatur über 100° in einem elektrischen Ofen erhitzt und nach dem Erkalten trockne Luft ins Rohr hineingelassen. Dann wird letzteres geöffnet, das Röhrchen schnell herausgenommen und sofort mit einem Tropfen geschmolzenen Paraffins verschlossen. Da das Röhrchen ungefähr 60 mm lang und verhältnismäßig dünn ist, so ist das Eindringen der Feuchtigkeit in der kurzen Zeit bis zum Verschließen des Röhrchens mit Paraffin kaum möglich. Jetzt wird das Röhrchen an einer geeigneten Stelle zusammen mit dem Quarzfaden abgeschmolzen und dieses Ende in flüssiges Picein gesteckt, um das Diffundieren von Luft durch die Risse zu verhindern, die sich an der Schmelzstelle bilden könnten, weil das Glas nach dem Zusammenschmelzen mit Quarz leicht springt. Das so hergestellte Präparat (Abb. 20) wird jetzt an die Zunge des Zentrierkopfes gekittet und in bezug auf den innen liegenden Faden zentriert. Im Falle luftempfindlicher Substanzen kann das Abschließen des Markröhrchens mit kleinen Abweichungen von dem hier beschriebe-

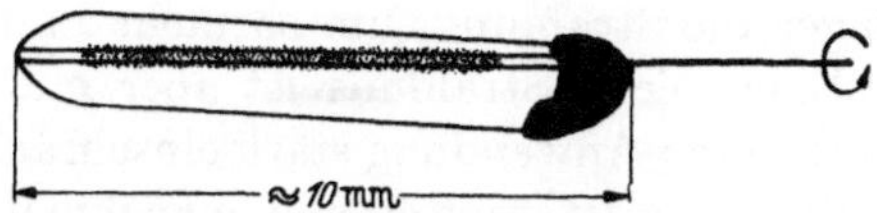

Abb. 20. Das fertige Präparat. Innen der Faden mit dem hygroskopischen Salz.

nen Weg ohne den geringsten Luftzutritt in einem inerten Gase durchgeführt werden.

Die erzeugten Pulveraufnahmen sind scharf, sie weisen aber, wohl infolge der streuenden Wirkung des Glases, eine stärkere Untergrundschwärzung auf. Es ist möglich, daß die Aufnahmen von Stäbchenpräparaten in Quarzkapillaren viel klarer ausfallen.

8. Die Auswahl der Strahlung und die Aufnahme.

Für Strukturbestimmungen werden Strahlungen verwandt, deren Wellenlängen meistens zwischen 2,3 und 0,7 Å liegen. Es kommen folglich Anoden aus V, Cr, Fe, Co, Ni, Cu, Mo und seltener aus Ag in Betracht. Andere Elemente, deren *K*-Serie auch zu verwenden wäre, können als Anodenmaterial ihrer ungenügenden physikalischen Eigenschaften wegen nicht gebraucht werden. Nur beim Arbeiten in Vakuumkameras können noch einige Elemente, die längere Strahlungen als oben angegeben liefern, Verwendung finden. Bei der Bestimmung von Gitterkonstanten eines Stoffes mit Strahlen verschiedener Wellenlänge könnte die Frage auftauchen, ob man immer zu Gitterkonstanten derselben Größe gelangt. Es wurden deshalb Gitterkonstanten einiger Verbindungen mit Cu- und Cr-Strahlung bestimmt; dabei konnte festgestellt werden, daß keine Abhängigkeit der Größe der Gitterkonstante von der verwendeten Wellenlänge zu konstatieren ist[1].

Bei der Wahl der Strahlung für jedes aufzunehmende Präparat sind unter anderem folgende drei Umstände in Betracht zu ziehen: 1. die Verteilung der Interferenzen auf dem Film, 2. die Fluoreszenz des Präparates und 3. die Länge der Belichtung.

1. Wie schon mehrfach hingewiesen, können für Präzisionsbestimmungen nur die Interferenzen verwandt werden, deren Glanzwinkel zwischen 78—86° fallen, wobei der beste Bereich zwischen 82—86° liegt. Interferenzen mit noch höheren Glanzwinkeln zu erhalten, erlaubt die Konstruktion der Kamera nicht. Je größer die Zahl der Linien auf dem

---

[1] Straumanis, M., A. Ieviņš u. K. Karlsons: Z. physik. Chem. B **42**, 143 (1939).

Film, um so größer ist die Wahrscheinlichkeit, daß Interferenzen in diesen Bereich fallen. Die Zahl der Interferenzen ist von mehreren Faktoren abhängig: a) von der Wellenlänge, b) von der Größe der Gitterkonstante und c) von der Symmetrie des Kristalles.

a) Je kurzwelliger die Strahlung, um so mehr Linien sind auf dem Film vorhanden. Eine solche Strahlung ist aber mit mehreren Nachteilen verbunden, die deren Anwendung stark einschränken: die Fluoreszenz stört viel häufiger; es ist schwer und manchmal ganz unmöglich (bei leichten Elementen), die letzten Linien zu erhalten, und es wird zuletzt die Indizierung der vielen Linien besonders bei niedriger symmetrischen Kristallen stark erschwert.

b) Mit der Vergrößerung der Gitterkonstante steigt die Zahl der Linien erheblich. In diesen Fällen ist es gut möglich, auch mit längerer Strahlung Interferenzen im obenerwähnten Gebiet zu erhalten. Es ist deshalb besser, bei solchen Kristallen längere Strahlungen zu wählen, da auch das Indizieren dann viel leichter fällt. Überschlagsrechnungen erleichtern die Wahl der Strahlung.

c) Vermindert sich die Symmetrie des Kristalls, so steigt ebenfalls die Zahl der Linien. Hier ist jedoch eine noch größere Zahl von Linien als z. B. bei kubischen Kristallen notwendig, und es ist zu beachten, daß diejenigen Linien in den nötigen Bereich fallen, aus denen die fraglichen Konstanten berechnet werden können.

2. Die Fluoreszenz als Schwärzung der Filme wird in allen den Fällen beobachtet, wo der Primärstrahl eine längere charakteristische Strahlung der Elemente des Präparates erregen kann, die jedoch durch die Luft nicht absorbiert wird. Es kommen hier außer der K-Serie noch die L- und M-Serien der Elemente bis zu einer Wellenlänge von etwa 5 Å in Betracht. Ist die Welle noch länger, so wird die Strahlung leicht durch die Luft absorbiert. Je größer der Unterschied in den Wellenlängen zwischen der Primär- und der Fluoreszenzstrahlung, um so schwächer ist die Grundschwärzung des Films, und um so leichter kann diese absorbiert werden. Hierzu dienen am besten dünne Al-Folien (0,007—0,02 mm dick), die man direkt vor den Film legt. Im Falle intensiver Fluoreszenz können auch mehrere Schichten der Folie genommen werden. Die Wirkung der Folie ist um so größer, je weicher die Fluoreszenzstrahlung ist, da diese dann genügend von der Folie absorbiert wird. Es nimmt zwar auch die Intensität der reflektierten Strahlung ab, doch kann das durch längere Belichtung nachgeholt werden. Erregt aber die Primärstrahlung eine nur wenig weichere Fluoreszenzstrahlung, so hilft in diesem Fall das Abdecken nichts, denn beide Strahlungen werden durch die Folie fast gleich geschwächt. Es bleibt dann nichts anderes übrig, als zu einer weicheren überzugehen. Über die Fluoreszenzstrahlung, die eine Strahlung gegebener Wellen-

länge erregen kann, kann man sich aus den Tabellen der Röntgenlinien der Elemente unterrichten.

3. Die Länge der Belichtung hängt von vielen Faktoren ab; sie ist so zu wählen, daß die letzten Linien genügend intensiv erscheinen. Die Belichtungszeit hängt ab von den Eigenschaften des zu untersuchenden Stoffes, der Intensität der letzten Linien, der Fluoreszenz, der Dicke des Präparates, der Intensität des Primärstrahles, dem Abstande des Präparates vom Brennfleck, der Form der Blende, der Temperatur, der richtigen Einstellung der Kamera in den Strahl, der Bearbeitung des Films usw. Im allgemeinen ist für Präparate aus leichten Elementen auch eine längere Belichtungszeit notwendig. Dagegen wird diese durch Anwendung dickerer Präparate verkürzt, doch darf deren Durchmesser aus schon betrachteten Gründen 0,2 mm nicht übersteigen.

Der Abstand zwischen dem Brennfleck und dem Präparat muß nach Möglichkeit vermindert werden. Auch deswegen sind kleine, aber präzis arbeitende Kameras den großen vorzuziehen. Wie die Belichtungszeit des Al vom Durchmesser der Kamera abhängt, vorausgesetzt, daß Linien gleicher Intensität erhalten werden sollen, zeigen die folgenden Zahlen:

Kameradurchmesser in mm (1 mm-Blende) .	28,9	57,7	86	114,8
Belichtungszeit in Stunden	4	8	12	20

Wird statt der 1 mm-Rundblende eine $^1/_2$ mm-Spaltblende gebraucht, so vermindert sich die Belichtungszeit des Al in einer 57,7 mm-Kamera bis auf 2 Stunden (Nachteile s. S. 17). In allen diesen Fällen sind die ersten Linien natürlich schon längst überbelichtet.

Wärme macht den Film empfindlicher, setzt somit die Belichtungszeit herab, wie das bei der Bestimmung von Ausdehnungskoeffizienten beobachtet wurde. Laut Angaben mancher Autoren soll sich in der Wärme die Belichtungszeit bis auf 30% vermindern[1].

Eine große Bedeutung kommt der richtigen Einstellung der Kamera in den Strahl zu, besonders wenn er von einem kleinen (punktförmigen) Brennfleck stammt, da sich hier auf kleiner Entfernung die Intensität der Strahlung wie 1 : 100 verhalten kann. Außerdem können durchs Auge die Änderungen der Intensität der Fluoreszenz des Schirmes beim Verschieben der Kamera nur schwer bestimmt werden. Am besten gelingt das noch, wenn man die Einstellung der Kamera im Dunkeln vornimmt. Am schwersten fällt es bei Fe- und Cr-Strahlung, deren Intensität überhaupt schwach ist.

Da zur genauen Gitterkonstantenbestimmung nur die letzten Interferenzen verwandt werden können, so ist die Belichtungszeit stark von der Intensität dieser Linien abhängig. Es kommt manchmal vor, daß

---

[1] Ebert, F.: Z. anorg. u. allg. Chem. **179**, 279 (1929). — Eggert, J., u. F. Luft: Veröff. d. Agfa-Labor. **2**, 9 (1931).

diese schwach sind (wie beim Mg mit Cu-Strahlung), dann helfen sogar Belichtungszeiten über 10 Stunden nichts. Tritt dann auch noch eine, wenn auch schwache Untergrundschwärzung auf, so bleibt nichts anderes übrig, als zu einer anderen Strahlung überzugehen, die andere intensivere letzte Linien liefert.

Wo nur möglich, ist der Vorzug der Cu-Strahlung zu geben, da Cu-Anoden stärker belastet werden können und folglich eine Strahlung größerer Intensität liefern. Auch Stromschwankungen verschiedener Art werden vom Cu und teilweise auch vom Ni besser vertragen als z. B. vom Cr, Fe, Mo, die durch einen zu hohen Elektronenstrom schon in einigen Sekunden angestochen werden. Eine Vertiefung im Brennblock setzt aber die Intensität der Strahlung herab.

Eine härtere Strahlung liefert gewöhnlich schärfere Linien, die Aufspaltung in α_1 und α_2 beginnt bei kleineren Winkeln, da der Abstand zwischen den α_1- und α_2-Linien größer als bei weicherer Strahlung ist. Damit gewinnt aber die Meßpräzision. In einer 57,7 mm-Kamera ist der Abstand zwischen α_1 und α_2 im Gebiet von $\vartheta = 80 - 85°$ bei Mo-Strahlung etwa 1,5 mm, bei Cu 1 mm, bei Fe 0,75 und bei Cr 0,7 mm groß. Zudem geben die weichen Strahlungen nur selten so scharfe Linien wie Cu oder Mo. Die Vermessung der mit Cr-Strahlung erhaltenen Filme ist deshalb schwieriger, die Filme sind aber viel klarer. Von der Härte der Strahlung ist auch teilweise die Größe der Absorptionsverschiebung abhängig, da eine harte Strahlung ins Präparat tiefer eindringt, was einer Verminderung des Durchmessers des Präparates gleichkommt.

Es kommt vielfach vor, daß zur Bestimmung der Konstanten niedriger symmetrischer Stoffe die Zahl der letzten Linien zur Aufstellung der nötigen Gleichungen nicht ausreicht. Man umgeht die Schwierigkeit, indem man Aufnahmen mit mehreren Strahlungen vornimmt (s. S. 57, Beispiel des Mg) oder Legierungsanoden nach Jette gebraucht.

Wird mit evakuierbaren Röntgenelektronenröhren gearbeitet, so ist darauf zu achten, daß sich mit der Zeit eine nicht zu dicke Schicht von W auf die Innenseite der Al-Fenster der Röhre abscheidet, da das W die Intensität des Primärstrahles stark vermindert. Die Fenster sind deshalb, selbst wenn sie noch luftdicht wären, jedes Jahr zu erneuern.

9. Die Vorbereitung der Kamera zur Aufnahme uud die Bearbeitung der Filme.

Vor der Aufnahme muß man sich überzeugen, ob die Kamera, der Thermostat und die ganze Anlage arbeitsfähig ist. Was die Kamera betrifft, so muß von Zeit zu Zeit deren Achse entfernt, zusammen mit den Lagern gereinigt, abgewischt und von neuem mit Uhröl eingeölt werden. Die Kamera selbst muß vor dem Einlegen des Films sorgfältig ausgewischt werden, da in diese nach dem Bohren des Films gewöhnlich Späne hineinfallen. Besonders wichtig ist es aber, daß der Film gut an der Kamerawand anliegt und daß keine Filmspäne dazwischen gelangen. Das wird verhindert, indem man den Film beim Bohren der Löcher für den ein- und austretenden Strahl mit Papier gut an die entsprechenden Öffnungen in der Kamerawand drückt und dann mit einem Kronenbohrer den Film von außen vorsichtig durchbohrt. Das gute Anliegen des Films hängt auch noch davon ab, wie gut und wie elastisch die Ringe angefertigt sind. Zur Aufnahme dürfen nur gleichmäßig schrumpfende Filme, wie die Agfa-Laue-Filme, gebraucht werden. Diese sind ziemlich wenig empfindlich, liefern jedoch klare Aufnahmen und sind nach dem Trocknen vollständig glatt.

Etwas schwieriger ist das Überdecken des Films mit Al-Folie in Fällen der Fluoreszenz. Die geglättete Folie kommt direkt auf den Film und wird mit letzterem zusammen durch die Ringe an die Kamerawand angedrückt. In 57,7 und 64 mm-Kameras lassen sich die Schwierigkeiten leicht überwinden; schwerer

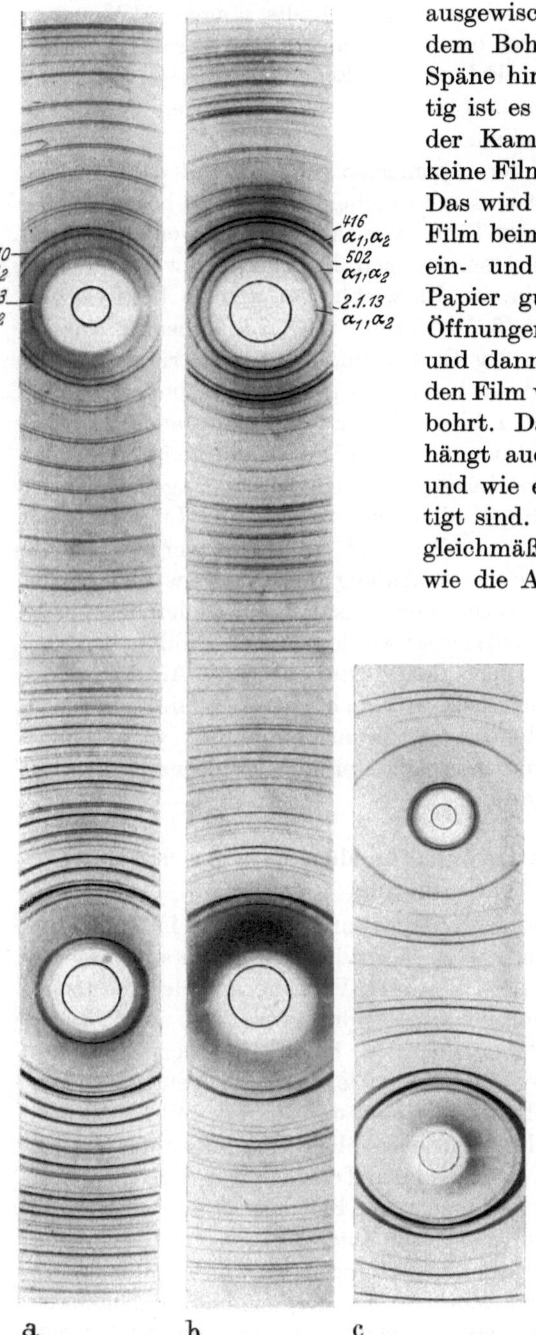

Abb. 21. Pulverfilme, erhalten nach der asymmetrischen Methode.

a) As_2O_3 in einer 57,7 mm-Kamera,
b) Bi in einer 57,7 mm-Kamera,
c) Al in einer 28,9 mm-Kamera.

fällt es jedoch mit längeren Filmen, da sich die längere Folie leicht knüllt und verschiebt, wodurch das Einsetzen der Ringe erschwert wird. Durch leichtes Ankleben der Folie an die Ecken des Films oder durch den Gebrauch einer steiferen, auf dünnes Papier geklebten Folie kann man sich auch hier durchhelfen.

Die weitere Bearbeitung der exponierten Filme erfolgt dann wie gewöhnlich. Ist der Film nicht zu stark überlichtet, so ist es besser, länger zu entwickeln, denn die LAUE-Filme verschleiern nur wenig. Müssen keine vergleichenden Intensitätsmessungen durchgeführt werden, so ist es nicht nötig, sich an bestimmte Entwicklungszeiten zu binden. Der Agfa-Entwickler arbeitet gut (3,5 g Methol; 60 g Natriumsulfit wasserfrei oder 120 g kristallisiert; 9 g Hydrochinon; 40 g Natriumkarbonat wasserfrei oder 108 g kristallisiert, oder 53 g Kaliumkarbonat; zuletzt 3,5 g Kaliumbromid, alles in 1 Liter Wasser); beim Gebrauch istl Teil mit 2 Teilen Wasser zu verdünnen. Zum Fixieren empfiehlt sich aber eine zweimal konzentriertere Lösung, als gewöhnlich angegeben wird (also 400 g Fixiersalz und 40 g Kaliummetabisulfit auf 1 Liter Wasser). Eine solche Lösung arbeitet schneller, und die Filme werden niemals braun oder gelblich. Wenigstens zu Anfang des Fixierens müssen die Filme bewegt werden, da sie sonst stellenweise an den Boden der Schale kleben und diese Stellen unausfixierbar werden. Zum Waschen wird der Film auf eine $^1/_2$ Stunde in fließendes Wasser gehängt. An demselben Haken wird er dann auch zum Trocknen aufgehängt. Der Film schrumpft hierbei. Das Schrumpfen dauert bei Zimmertemperatur sogar einige Wochen. Wie nach der asymmetrischen Methode erhaltene Filme aussehen, ist in der Abb. 21 gezeigt.

10. Die mit der Pulvermethode verbundenen Fehler und deren Einschränkung.

Die Ausführung der Aufnahmen und deren Auswertung ist mit vielen Fehlern verbunden. Die bestehenden Methoden versuchen auf zweierlei Art sich von diesen zu befreien: 1. durch Verfeinerung der Methodik, so daß die Fehler auf ein Minimum zurückgedrängt werden, und 2. durch Berechnung der Fehler und nachträgliche Korrektion der Resultate. Ein großer Teil der Methoden benutzt beide Möglichkeiten, die asymmetrische jedoch hauptsächlich nur die erstere, eben weil es schwer, kompliziert, unbestimmt und in manchen Fällen fast unmöglich ist, den zweiten Weg zu beschreiten, d. h. aus den Dimensionen der Apparatur den möglichen Fehler genau zu berechnen. Betrachtet man als Fehlerquellen alle die Umstände, durch die die Interferenzen von ihren nach dem BRAGGschen Gesetz bestimmten Stellungen verschoben werden, so sind bei der asymmetrischen Methode mehrere Fehlermöglichkeiten vorhanden, die zwar alle nur von kleiner Größenordnung sind, wenn vorschriftsmäßig gearbeitet wird. Die Fehler lassen sich zurückführen auf:

1. die Ungenauigkeiten bei der Bestimmung des effektiven Filmdurchmessers,
2. die Änderung der Länge des Films während der Vermessungszeit,
3. das ungleichmäßige Dehnen oder Schrumpfen des Films,
4. die ungenaue Wahl des Äquators,
5. die ungenaue Feststellung der Mitte der Linien,
6. die exzentrische Stellung des Präparates in der Kamera,
7. die Abweichung des Querschnittes der Kamera von der Kreislinie,
8. die nicht vollständig senkrechte Stellung des Primärstrahles zum Präparat,
9. den Einfluß der Form der Blende,
10. die Absorption durch das Präparat,
11. die Brechung der Röntgenstrahlen und noch andere Ursachen von geringerer Bedeutung.

Hier soll nun betrachtet werden, wie sich der Einfluß dieser Faktoren auf das Resultat der Messungen auswirkt.

1. Wie der effektive Filmdurchmesser nach der asymmetrischen Methode bestimmt wird, ist schon eingehend auf S. 31 besprochen worden. Die vielen von den Autoren durchgeführten Messungen zeigen, daß der maximale Fehler bei der Bestimmung der Länge der Filme, wenn höchste Genauigkeit erreicht werden soll, nicht $\pm 0{,}05$ mm bei 18 cm langen Filmen übersteigen darf. Bei längeren Filmen kann der Fehler entsprechend größer sein. Der Unterschied $\Delta\varphi$, der sich herausbildet, wenn sich die Länge des Films um $\pm 0{,}05$ mm ändert, ist so klein, daß er sogar die 5. Dezimale der Gitterkonstante nicht beeinflußt.

2. Infolge der auf S. 28 beschriebenen Maßnahmen ist die Änderung der Länge des Films während der Vermessungszeit so gut wie ausgeschlossen. Selbstverständlich darf sich das Messen nicht zu lange hinziehen.

3. Die stellenweise ungleichmäßige Längenänderung des Films ist zwar möglich, doch kann sie nur einen kleinen Einfluß aufs Resultat ausüben. Außerdem können solche Filme an ihrem verworfenen Aussehen leicht erkannt werden. Die Verschiebung der Gelatineschicht der Filme durch robuste Behandlung bei und nach der Entwicklung muß natürlich vermieden werden.

4. Die Möglichkeit eines größeren Fehlers bei der Auswahl des Äquators ist klein, wenn man nach S. 30 arbeitet. Das wird auch durch die Zahlen der Tabelle 6 bestätigt, wo derselbe Film vor jedem Messen verschoben und von neuem eingestellt wurde. Die Gitterkonstanten müßten dann viel stärker schwanken, wenn die genaue Einstellungsmöglichkeit kleiner wäre.

5. Der schon beschriebene Komparator (s. S. 28) erlaubt die Lage scharfer Linien bis zu einer Genauigkeit von $\pm 0{,}005$ mm abzulesen.

Hier hängt somit alles von der Schärfe der Linien ab, die ihrerseits wieder von folgenden röntgenoptischen Faktoren beeinflußt wird:

a) durch die natürliche Breite des monochromatischen Primärstrahles[1],

b) durch die Breite der total reflektierenden Zone,

c) durch die Verbreiterung der Interferenzen infolge der Verminderung des Korndurchmessers und infolge der Mosaikstruktur.

Zur Aufbesserung der Schärfe der Linien empfiehlt es sich, nur Rundblenden mit einer lichten Weite, die 1 mm nicht übersteigt, zu gebrauchen und mit nicht dickeren als 0,2 mm-Präparaten zu arbeiten.

Um die Größe der Fehler abzuschätzen, die durch die Vermessung der Filme in die Bestimmung der Gitterkonstanten hineingebracht werden, wurden von den Autoren manche Filme mehrfach durchgemessen: Nach jeder Messung wurde derselbe Film von der Skala abgenommen, dann wieder darunter befestigt, der Äquator festgestellt, der effektive Filmumfang bestimmt und die betreffenden Glanzwinkel berechnet. Zur Verminderung des Ablesungsfehlers wurde die Lage einer jeden Linie zehnmal bestimmt und daraus der Mittelwert gezogen. In der Tabelle findet man die Ergebnisse der Ausmessung eines Films, der zehnmal von neuem in der Meßeinrichtung befestigt und vermessen wurde. Als sehr geeignete Substanz für ähnliche Untersuchungen erwies sich das Aluminium. Die Gitterkonstante wurde aus den letzten Linien $333\alpha_1$ und α_2 (mit Cu-Strahlung) berechnet.

Die Tabelle 6 zeigt, daß zwischen den erhaltenen höchsten und niedrigsten Konstanten nur ein Unterschied von 0,00006 Å besteht, und daß als größte Abweichung vom arithmetischen Mittelwert in einem Falle 0,00004 Å zu verzeichnen ist. Bei anderen mehrfach durchgemessenen Filmen war die Übereinstimmung noch besser. Hieraus läßt sich schließen, daß die Meßfehler bei Filmen mit einem effektiven Durchmesser von 29—86 mm im allgemeinen 0,00002 Å oder 0,0005% nicht übersteigen. Das bezieht sich natürlich auf gut vermeßbare Filme mit scharfen und intensiven Linien. Sind die Linien schwächer, wie z. B. bei NaCl, so sind die Meßfehler an Filmen einer 86 mm-Kamera schon größer als die einer 57,7-mm-Kamera.

6. Eine merklich exzentrische Stellung des Präparates erlaubt schon die Konstruktion der Kamera selbst nicht. Der kleine noch nachgebliebene Exzentrizitätseinfluß (s. S. 20) kann kompensiert werden, indem man zur Berechnung des Endwertes der Gitterkonstante zwei Filme wählt, die von demselben Präparat erhalten worden sind, jedoch bei zwei um 180° voneinander abweichenden Stellungen des Kameradeckels. Dabei muß der Deckel bei der ersten Aufnahme so liegen, daß die größte

[1] Moeller, K.: Z. Kristallogr. **97**, 171 (1937).

Tabelle 6. Die Gitterkonstante von Al, bestimmt in einer 57,7 mm-Kamera; 1 mm Rundblende. Der Film Nr. 542 wurde zehnmal verschoben, eingestellt und vermessen. Cu-Strahlung.
$\lambda_{k_{\alpha_1}} = 1{,}537395$ Å; $\lambda_{k_{\alpha_2}} = 1{,}541232$ Å; $t = 22{,}7°$ C.
Dicke des Präparates 0,18 mm.

Filmumfang	φ		a_t		Mittelwert
mm	333 α_1	333 α_2	α_1	α_2	a_{25}
179,872	9,718g	8,633g	4,04128	4,04133	4,04147
179,868	9,715	8,633	4,04125	4,04133	4,04146
179,920	9,730	8,617	4,04139	4,04120	4,04146
179,923	9,715	8,624	4,04125	4,04125	4,04142
179,924	9,727	8,617	4,04136	4,04120	4,04145
179,872	9,715	8,638	4,04125	4,04137	4,04148
179,924	9,715	8,638	4,04125	4,04137	4,04148
179,869	9,719	8,627	4,04129	4,04128	4,04145
179,839 [1]	9,722	8,627	4,04132	4,04128	4,04147
179,827 [1]	9,718	8,633	4,04128	4,04133	4,04147
		Mittelwert	4,04129	4,04128	±4,04146 ±0,00002

Abweichung des Präparates vom Zentrum in die Richtung des Primärstrahles fällt.

7. Eine nichtzylindrische Form der Innenseite der Kamera bei der jetzigen Technik der Metallbearbeitung ist wohl kaum denkbar. Die Filme werden mit den schon erwähnten elastischen Ringen an die Kamerawand so vollkommen angedrückt, daß ein merklicher Fehler hier so gut wie ausgeschlossen ist.

8. Wenn der Primärstrahl mit der Fläche, die durch den Äquator geht, einen Winkel γ bildet, so verteilen sich die Interferenzringe in bezug auf diese Fläche unsymmetrisch. Wird jetzt der Film auf dem scheinbaren Äquator wie bei allen übrigen Aufnahmen vermessen, so erhält man die Glanzwinkel ϑ', welche mit den echten Winkeln ϑ in folgendem Zusammenhange stehen:

$$\operatorname{tg} 2\vartheta = \operatorname{tg} 2\vartheta' \cdot \cos\gamma. \tag{3}$$

Ist ϑ groß und γ klein, so ist nach MENZER[2] die Korrektur $\Delta\vartheta$ so gering, daß sie vernachlässigt werden kann. Der Einfluß des Neigens der Blende auf die Größe der Gitterkonstante wurde auch experimentell untersucht. Das oben Gesagte konnte dabei bestätigt werden: die Korrektur ist so klein, daß man sie nicht in Betracht zu ziehen braucht.

9. Die Blendenform wird die Resultate nur dann am wenigsten beeinflussen, wenn der senkrechte Schnitt zum Strahl sich einem Punkte

[1] Diese Messungen wurden einige Monate später durchgeführt, deshalb der kleinere Filmumfang.

[2] MENZER, G.: Fortschr. d. Min. Kristallogr. **16 II**, 162 (1932).

nähert. Man arbeitet deshalb am besten mit Rundblenden. Da nun praktisch beim Gebrauch von $^1/_2$ und 1 mm-Blenden kein Unterschied in der Präzision beobachtet werden kann, so ist es ratsam, mit dem lichten Durchmesser der Blende nicht unter 1 mm herunterzugehen. Spaltblenden liefern dagegen, wie schon auf S. 16 gezeigt, merkbar niedrigere Resultate wie 1 mm-Rundblenden.

10. Durch die Absorption werden die Interferenzlinien in Richtung der größeren ϑ verschoben, d. h. der gemessene Winkel ϑ ist größer als der echte (die Gitterkonstante fällt kleiner aus). Ob ein Präparat stärker oder schwächer absorbiert, kann schon aus dem Aussehen des Films geschlossen werden: sind die ersten Linien (kleine ϑ) viel dicker und intensiver als die letzten, so ist das Präparat für die Strahlen gut durchlässig. Sind dagegen die ersten Linien ebenso intensiv und scharf wie die letzten, so absorbiert das Präparat stark.

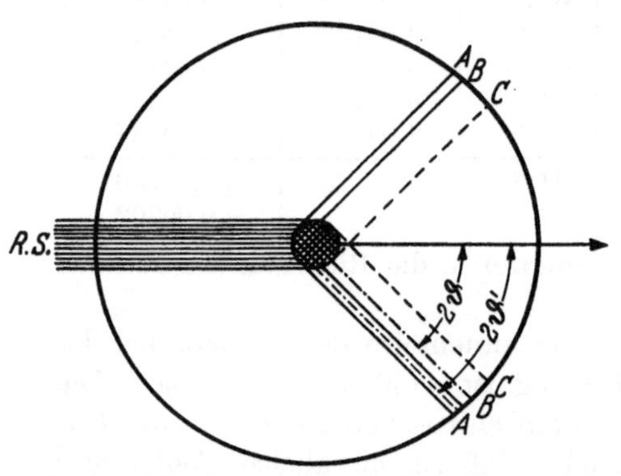

Abb. 22. Verschiebung der Interferenzlinien durch Absorption.

Der Einfluß der Absorption auf die Dicke und Stellung der Interferenzlinien ist in Abb. 22 schematisch gezeigt. Das parallele Strahlenbündel trifft das Präparat in dessen ganzer Dicke, die Interferenz AB wird jedoch nur von der dünnen äußeren Schicht geliefert. Würde das Präparat sehr wenig absorbieren, so wäre AC die normale Breite der Linie und der gemessene Winkel ϑ auch der echte Glanzwinkel.

Die Größe der Absorptionskorrektur ist von mehreren Faktoren abhängig: dem Absorptionskoeffizienten, der Dicke des Präparates, der Größe der Glanzwinkel, der Korngröße usw. Sogar schwere Metalle, wie W, liefern nur eine sehr geringe Linienverschiebung, wenn das Präparat sehr fein ist, z. B. durch Reduktion von WO_3 durch Wasserstoff erhalten. Die größte Rolle spielt hier natürlich der Durchmesser des Präparates, wie das aus der Formel (4) zu sehen ist.

Zur Berechnung der Größe der Absorptionskorrektur sind mehrere Formeln aufgestellt worden, die jedoch alle dem allgemeinen Ausdruck

$$\Delta\varphi = KR \tag{4}$$

entsprechen. Hier ist R der Halbmesser des Präparates und K eine Konstante, der verschiedene Autoren verschiedene Bedeutung zuschreiben. Die Korrektur ist den gemessenen φ-Werten zuzuzählen oder von den ϑ-Winkeln abzuziehen. Obgleich in sehr vielen Arbeiten über diese Korrektionen die Rede ist und viele Formeln vorgeschlagen worden sind, sind diese zur Präzisionsbestimmung von Gitterkonstanten ihrer Unsicherheit wegen doch nicht geeignet, wie das auch MOELLER bemerkt[1].

Aus diesem Grunde wurde auch versucht, ganz ohne Absorptionskorrekturen auszukommen und durch Anwendung dünnster Präparate die Absorption auf ein Minimum zurückzudrängen. Solche Präparate, bei denen der zu untersuchende Stoff in einer dünnen Schicht aufs Stäbchen aus LINDEMANN-Glas aufgetragen ist, sind für Röntgenstrahlen sehr gut durchlässig. Falls noch eine kleine Absorptionsverschiebung vorhanden sein sollte, so wird diese bei großem ϑ so klein, daß sie vollständig in die Fehlerspanne fällt. Man erhält z. B. bei Al-Aufnahmen mit Cu-Strahlung in einer 57,7 mm-Kamera bei einer Dicke des als undurchsichtig betrachteten Präparates von 0,1 mm (Linie $333\alpha_1$, $\varphi = 9{,}748^g$) nach der HADDINGschen Formel

$$\Delta\varphi = \frac{r}{2}(1 + \cos 2\vartheta) = r\sin^2\varphi \tag{5}$$

die Korrektur $\Delta\varphi$ von $0{,}002^g$. Da nun die Dicke der Al-Schicht auf dem Stäbchen nur 0,02 mm beträgt und das Präparat nicht als vollständig undurchlässig betrachtet werden kann, so ist die tatsächliche Korrektur noch kleiner.

11. Infolge der Abweichungen vom BRAGGschen Gesetz erhält man bei Anwendung der unkorrigierten BRAGGschen Gleichung aus einem gemessenen Winkel ϑ nicht die wahre Gitterkonstante, sondern einen *etwas kleineren Wert.* Dieser ist um so kleiner, je niedriger die Ordnung, welche zur Messung benutzt wird. Mit steigender Ordnung nähert er sich dem Werte der wahren Gitterkonstante. EWALD[2] hat eine Formel abgeleitet, welche die Abweichungen vom BRAGGschen Gesetz berücksichtigt:

$$n\lambda = 2d\left(1 - \frac{4d^2\delta}{n^2\lambda^2}\right)\sin\vartheta_n \tag{6}$$

(λ Wellenlänge im Vakuum, ϑ_n gemessener Reflexionswinkel in n-ter Ordnung, d wahre Gitterkonstante, $\delta = \frac{N\lambda^2 e^2}{2\pi m c^2}$, wo N die Zahl der Elektronen pro Volumeneinheit, e und m die Ladung und Masse des Elektrons und c die Lichtgeschwindigkeit bedeuten). Diese Formel gilt nur für den Fall der symmetrischen Reflexion. Berechnet man δ/λ^2 aus der Dispersionsformel, so erhält man, wenn die Atomzahl angenähert gleich dem halben Atomgewicht gesetzt wird, $\delta/\lambda^2 = 1{,}35\,\varrho \cdot 10^{-6}$, wo

[1] MOELLER, K.: Z. Kristallogr. **97**, 170 (1937).

[2] WIEN, W., u. F, HARMS: Handb. d. Experimentalphysik **XXIV**/2, 94, 116 (1930).

ϱ die Dichte des Kristalles ist. Die korrigierte BRAGGsche Beziehung kann dann folgendermaßen geschrieben werden:

$$n\lambda = 2d\left(1 - 5{,}40\varrho\frac{d^2}{n^2}\cdot 10^{-6}\right)\sin\vartheta_n\,. \tag{7}$$

Zum bequemeren Gebrauch muß die Gleichung umgeformt werden:

$$a = a_n\left(1 + \frac{5{,}4a^2\varrho\cdot 10^{-6}}{n^2\sum h^2}\right), \tag{8}$$

wo a die Bedeutung der echten Gitterkonstante zukommt, da a_n der aus n-ter Ordnung gefundenen entspricht.

Soll der Glanzwinkel korrigiert werden, so dient hierzu die Formel[1]:

$$\Delta\sin^2\vartheta = -\frac{19{,}58\varrho\cdot Z\lambda^2}{M\cdot 4}\cdot 10^{-6}\,. \tag{9}$$

Z ist die Gesamtzahl der Elektronen im Molekül, M das Molekulargewicht. Die Formel, die ebenso abgeleitet ist wie die vorherige (7), ist bequemer auf Kristalle niedrigerer Symmetrie anwendbar.

Wie aus den Formeln ersichtlich, ist die Größe der Korrektur stark vom spezifischen Gewicht abhängig. Deshalb wird bei leichten Substanzen und beim Gebrauch der letzten Linien durch diese „symmetrische Brechungskorrektur" nur die 5. Dezimale der Gitterkonstante betroffen, wie das aus den folgenden angeführten Zahlen zu sehen ist:

	Spez. Gewicht	*hkl*	Brechungskorrektur	*hkl*	Brechungskorrektur
NaCl . . .	2,164	200	0,00052 Å	640	0,00004 Å
Al.	2,70	200	0,00024	333	0,000036
Ag	10,49	200	0,00117	333	0,00013

Trotz der entwickelten Formeln und Theorien ist die Größe der symmetrischen Brechungskorrektur bei Anwendung auf verschiedene Verbindungen doch unsicher, besonders bei Pulveraufnahmen[1,2]. Noch viel weniger kann über die unsymmetrische Brechung gesagt werden, da über deren zahlenmäßige Berechnung in der Literatur überhaupt irgendwelche bestimmte Angaben fehlen. Es sind Meinungen ausgesprochen worden, daß diese Korrektur in manchen Fällen sogar negativ sein kann und die erstere der absoluten Größe nach übersteigen könnte.

11. Die Indizierung von Pulveraufnahmen.

Aus einem vermessenen Film lassen sich die Gitterkonstanten nur in dem Falle berechnen, wenn die MILLERschen Indizes der Flächen, von denen die Interferenzen stammen, bekannt sind. Die Indizierung der Aufnahme einer kristallographisch unbekannten Substanz ist aber

---

[1] JETTE, E. R., u. F. FOOTE: J. chem. Phys. **3**, 605 (1935).

[2] MOELLER, K.: Z. Kristallogr. **97**, 170 (1937).

in vielen Fällen eine schwere Aufgabe, die manchmal überhaupt nicht gelöst werden kann. Viel leichter fällt diese Arbeit im Falle von Drehkristallaufnahmen, worüber auf S. 72 die Rede sein wird. Die Erforschung unbekannter Substanzen wird deshalb mit dieser begonnen.

Ist von einer Präzisionsbestimmung die Rede, so ist gewöhnlich die Gitterkonstante schon ungefähr bekannt. Aber auch in diesen Fällen erfordert die Bestimmung der Indizes der letzten Interferenzen ziemlich viel Arbeit. Je höher die Symmetrie des zu untersuchenden Stoffes, desto leichter die Arbeit. Umgekehrt fällt diese um so schwerer, je niedriger die Symmetrie und je größer die Gitterkonstante ist, da hierdurch die Zahl der Linien stark zunimmt. In diesen Fällen wählt man zweckmäßig eine längerwellige Strahlung. Im Falle monokliner und trikliner Kristalle hilft auch das nicht, da die Indizierung nicht eindeutig ist, obgleich verschiedene mehr oder weniger komplizierte Verfahren beschrieben worden sind. Zuletzt muß man doch zu Drehkristallaufnahmen greifen.

Die Indizierung kann auf zweierlei Art durchgeführt werden, auf rechnerischem und graphischem Wege. Graphische Methoden gibt es recht viele, von denen die Nomogramme (nebst Erläuterungen) von SCHWARZ und SUMMA für den Gebrauch ziemlich bequem sind[1]. Sie beziehen sich auf das kubische, tetragonale und hexagonale System. Überhaupt sind Nomogramme nur in den Fällen anwendbar, bei denen es sich um die Indizierung der ersten Linien handelt und die Gitterkonstanten nicht besonders groß sind. Sollen aber die letzten Interferenzen von Substanzen mit großen Gitterkonstanten bestimmt werden, so helfen Nomogramme wenig oder gar nicht, da die Zahl der Linien auf 1° groß ist und die zugehörigen Indizes nicht mit Sicherheit abgelesen werden können. In diesen Fällen bleibt nichts anderes übrig, als den Weg des Rechnens zu betreten.

Ist die Gitterkonstante ungefähr bekannt, so kann für kubische Stoffe $\sum h^2$ aus der Formel

$$\sum h^2 = \sqrt{\frac{2a\sin\vartheta}{\lambda}} \tag{10}$$

und den gefundenen ϑ berechnet und nach den Tabellen auf S. 101 in einzelne Indizes zerlegt werden ($\sum h^2 = h^2 + k^2 + l^2$). Werte, die ganzen Zahlen nahe stehen, müssen sich in diesen Fällen ergeben. Ähnlich schreitet man vor, wenn man mit tetragonalen, hexagonalen und rhombischen Stoffen zu tun hat, wobei die Indizierung um so leichter fällt, je genauer die Gitterkonstante bekannt ist (die drei ersten Dezimalen reichen meistens aus). Für tetragonale Kristalle findet man aus

[1] SCHWARZ, M., u. O. SUMMA: Praktische Auswertungshilfsmittel für Feinstrukturuntersuchungen. München: Verlag Voglrieder 1932.

der Formel (20) (S. 55):

$$h^2 + k^2 = \frac{4a^2 \sin^2\vartheta}{\lambda^2} - \frac{a^2}{c^2} l^2 . \tag{11}$$

Die linke Seite dieses Ausdruckes ist immer eine ganze Zahl, folglich ist auch die Differenz der rechten Seite eine solche. Um diese zu finden, ist vorher das größtmögliche l festzustellen. Das ist dann der Fall, wenn $h = k = 0$ sind und $\sin\vartheta$ sich 1 nähert. Dann geht die Formel (20) in

$$\sin\vartheta = \frac{\lambda l}{2c} \tag{12}$$

über. Setzt man $\sin\vartheta = 1$, so ist $l = \frac{2c}{\lambda}$. Die nächstliegende ganze Zahl nach unten bei ungefähr bekanntem c ist also $l_{\max}$. Setzt man jetzt in $\frac{a^2}{c^2} l^2$ statt l die Zahlen $0, 1, 2, 3, \ldots l_{\max}$ ein, so erhält man eine Zahlenreihe. Eine zweite Reihe erhält man, wenn in den Ausdruck $\frac{4a^2 \sin^2\vartheta}{\lambda^2}$ der Formel (11) die entsprechenden experimentell ermittelten $\sin^2\vartheta$ eingesetzt werden. Jetzt wird festgestellt, von welcher Zahl der ersten Reihe beginnend die Zahlen dieser Reihe von denen der letzten abgezogen werden müssen, um ganze oder fast ganze Zahlen zu erhalten. Die nächste ganze Zahl kann dann ohne Schwierigkeiten in $h^2 + k^2$ aufgeteilt werden.

Das gleiche bezieht sich auf hexagonale Kristalle, wo die Formel (25) ebenfalls in zwei Therme aufgeteilt werden kann:

$$h^2 + k^2 + hk = \frac{3a^2 \sin^2\vartheta}{\lambda^2} - \frac{3a^2}{4c^2} l^2 . \tag{13}$$

Ebenso wie im vorherigen Falle findet man $l_{\max}$ aus $\sin\vartheta = \frac{\lambda l}{2c}$. Die Anpassung der Indizes erfolgt dann weiter, wie das gleich gezeigt werden soll.

Beispiel der Indizierung einer Bi-Aufnahme. Zur Präzisionsbestimmung der Gitterkonstanten wurden sechs letzte Linien vermessen. Die entsprechenden Glanzwinkel sind in der ersten Reihe der Tabelle 7 angeführt. Setzt man $\sin\vartheta = 1$, so findet man aus

$$l = \frac{2c \sin\vartheta}{\lambda}; \qquad l = \frac{2 \cdot 11{,}84}{1{,}537} = 15{,}43$$

für $l_{\max} = 15$, wenn mit Cu-Strahlung gearbeitet wird. Jetzt werden in den Ausdruck $\frac{3a^2 \sin^2\vartheta}{2}$ die gemessenen ϑ eingestellt (3. Reihe der Tabelle). Durch Einsetzen von $l = 0, 1, 2, \ldots l_{\max}$ in $\frac{3a^2}{4c^2} l^2$ erhält man die 4. Reihe der Tabelle. Jetzt werden die Zahlen beider Reihen verglichen und aus der 4. Reihe diejenigen gewählt, die von den Zahlen der 3. Reihe abgezogen ganze Zahlen liefern[1]. Auf diese Weise kommt

[1] Nur diese Zahlen sind in der Tabelle 7 angeführt.

man zu $h^2 + k^2 + hk$ der 5. Reihe. Alle Zahlen dieser Reihe stehen ausnahmslos ganzen Zahlen sehr nahe (die größte Differenz übersteigt nicht $\pm 0{,}012$). Die so erhaltene Summe $h^2 + k^2 + hk$ kann jetzt ziemlich leicht in h und k aufgeteilt werden (6. Reihe). Zu diesem Zweck können auch die HERRLINschen Formeln gebraucht werden, obgleich ihre Anwendbarkeit nicht universal ist[1]. In der 7. Reihe findet man die Quadratsumme der Indizes, die sich allmählich von links nach rechts vermindern muß, wenn die Indizes richtig festgestellt worden sind. Die Quadratsummen dienen also zur Kontrolle der Reihe 6.

Tabelle 7. Indizierung der letzten Linien einer Bi-Aufnahme (Cu-Strahlung), angenommen, daß $a \cong 4{,}5372$ Å und $c \cong 11{,}838$ Å ist.

1. ϑ^g	91,06	89,64	86,49	85,45	83,46	81,71
2. $\sin^2\vartheta$	0,98040	0,97378	0,95560	0,94873	0,93403	0,91973
3. $\frac{3a^2}{\lambda^2}\cdot\sin^2\vartheta$	25,61802	25,44504	24,96999	24,79048	24,40636	24,03270
4. $\frac{3a^2}{4c^2}\cdot l^2$	18,61998	0,44071	3,96639	24,78992	5,39869	11,01774
5. h^2+k^2+hk	6,99804	25,00433	21,00360	0,00056	19,00767	13,00496
6. Indexe hkl	21**13**	502	416	00**15**	237	13**10**
7. $\frac{4}{3}(h^2+k^2+hk) + \frac{a^2}{c^2}l^2$	34,377	33,911	33,288	33,052	32,5315	32,023

Nach dem beschriebenen Verfahren kann ziemlich schnell gearbeitet werden, denn sobald die $\sin^2\vartheta$ gefunden sind, läßt sich alles andere, wenn eine Rechenmaschine zur Hand ist, in einigen Minuten erledigen. Je kleiner die Indizes, um so einfacher die Indizierung. Hier ist absichtlich als Beispiel eine Aufnahme gewählt worden, wo l verhältnismäßig hoch ausfällt, aber auch dann gelingt das Indizieren ohne Schwierigkeiten.

12. Die Berechnung der Gitterkonstanten.

Alle Beugungserscheinungen an Kristallen können durch die bekannte BRAGGsche Gleichung beschrieben werden:

$$n\lambda = 2d\sin\vartheta = 2d\cos\varphi. \tag{14}$$

Sollen aber die Gitterabstände auf den Achsen berechnet werden, so muß d durch einen Ausdruck ersetzt werden, in den die MILLERschen Indizes der Fläche, von der die Reflexion erfolgt, eingehen.

Dieser Ausdruck ist für ein jedes Kristallsystem anders und für dieses deshalb charakteristisch. Im Falle niedrigst symmetrischer Systeme gehen dort noch außer a die Achsenabschnitte b und c und die Winkel α,

[1] HERRLIN, A. P.: Meddelanden från Lunds Geologisk-Mineral. Inst. Nr **59** (1935); Nr **62**, **65** (1936).

β und γ zwischen den Achsen ein. Ganz allgemein (für das trikline System) fällt der Ausdruck für d folgendermaßen aus:

$$d=\sqrt{\frac{a^2b^2c^2(1-\cos^2\alpha-\cos^2\beta-\cos^2\gamma+2\cos\alpha\cos\beta\cos\gamma)}{b^2c^2\sin^2\alpha\, h^2+a^2c^2\sin^2\beta\, k^2+a^2b^2\sin^2\gamma\, l^2+2abc^2(\cos\alpha\cos\beta-\cos\gamma)\,hk+2a^2bc(\cos\beta\cos\gamma-\cos\alpha)\,kl+2ab^2c(\cos\gamma\cos\alpha-\cos\beta)\,hl}}. \tag{15}$$

Im Falle des kubischen Systems, wo $a = b = c$ und $\alpha = \beta = \gamma = 90°$ sind, erhält man für d einen einfachen Ausdruck, der auch geometrisch ohne die Formel (15) abgeleitet werden kann:

$$d = \frac{a}{\sqrt{h^2 + k^2 + l^2}}. \tag{16}$$

Die Braggsche Formel geht dann zur Berechnung von a in

$$a = \frac{\lambda}{2}\,\frac{\sqrt{h^2 + k^2 + l^2}}{\sin\vartheta} = \frac{\lambda}{2}\,\frac{\sqrt{h^2 + k^2 + l^2}}{\cos\varphi} \tag{17}$$

über, wobei die Ordnung n mit den kristallographischen Indizes multipliziert wird (= röntgenographische Indizes). Die quadratische Form lautet dann:

$$\sin^2\vartheta = \frac{\lambda^2}{4a^2}(h^2 + k^2 + l^2). \tag{17a}$$

Beispiel 1. Reinstes Pb wurde in einer 57,7 mm-Kamera mit Cu-Strahlung bei einer Temperatur von 26,50° C aufgenommen (Film Nr. 744). Es ist die Gitterkonstante bei 25° C zu berechnen, wenn für $026\,\alpha_1$ der Winkel $\varphi = 11{,}358^g$ festgestellt worden ist.

$$a_{\mathrm{Pb}} = \frac{\lambda}{2}\,\frac{\sqrt{\sum h^2}}{\cos\varphi} = \frac{1{,}537395}{2}\,\frac{\sqrt{0^2 + 2^2 + 6^2}}{\cos 11{,}358} = 4{,}94010\,\text{Å}.$$

Unter Berücksichtigung der symmetrischen Brechung (Dichte des *Pb* $\varrho = 11{,}347$) erhält man die korrigierte Konstante:

$$a_{\mathrm{korr}} = a_n\left(1 + \frac{5{,}4\,a^2\,\varrho\cdot 10^{-6}}{n^2\sum h^2}\right) = 4{,}9401\left(1 + \frac{5{,}4\cdot 4{,}9401^2\cdot 11{,}347\cdot 10^{-6}}{2^2 + 6^2}\right)$$
$$= 4{,}94010\,(1 + 37{,}4\cdot 10^{-6}) = 4{,}94010 + 0{,}00018 = 4{,}94028\,\text{Å}.$$

Zur Reduktion auf 25° C wird die Formel benutzt:

$$a_{t_2} = a_{t_1} + \alpha\, a_{t_1}(t_2 - t_1). \tag{18}$$

Da der lineare Ausdehnungskoeffizient des Pb $= 29{,}1\cdot 10^{-6}$ ist, so berechnet sich schließlich a_{25} zu

$$a_{25} = 4{,}94028 + 29{,}1\cdot 10^{-6}\cdot 4{,}94028\,(25 - 26{,}50) = 4{,}94028 - 0{,}00022$$
$$\mathbf{= 4{,}94006\,\text{Å}.}$$

Für den Abstand d zwischen gleichnamigen kristallographischen Flächen in einem *tetragonalen Kristall* erhält man aus Formel (15), da

$a = b \neq c$ und $\alpha = \beta = \gamma = 90°$ sind:

$$d = \frac{a}{\sqrt{h^2 + k^2 + \frac{a^2 l^2}{c^2}}} \quad \text{oder} \quad d = \frac{1}{\sqrt{\frac{h^2 + k^2}{a^2} + \frac{l^2}{c^2}}}. \tag{19}$$

Die quadratische Form lautet dann:

$$\sin^2\vartheta = \frac{\lambda^2}{4a^2}\left(h^2 + k^2 + \frac{a^2}{c^2} l^2\right). \tag{20}$$

In diesem Ausdruck kommen zwei Unbekannte, a und c, vor; um die Gleichung zu lösen, sind zwei Gleichungen aufzustellen. Das ist aber nur dann möglich, wenn im Bereiche der großen Glanzwinkel sich zwei Linien mit verschiedenen Indizes, hkl und $h_1 k_1 l_1$ befinden. Aus beiden Gleichungen können dann zur Berechnung von a und c folgende Formeln abgeleitet werden:

$$a = \frac{\lambda}{2}\sqrt{\frac{l^2(h_1^2 + k_1^2) - l_1^2(h^2 + k^2)}{l^2\cos^2\varphi_1 - l_1^2\cos^2\varphi}}. \tag{21}$$

Gehört aber jede Linie einer anderen Strahlung an (α- oder β-Linien, zwei Aufnahmen mit zwei verschiedenen Strahlungen, Legierungsanoden), so kann man sich der Formel bedienen:

$$a = \frac{\lambda\lambda_1}{2}\sqrt{\frac{l^2(h_1^2 + k_1) - l_1^2(h^2 + k^2)}{\lambda^2 l^2\cos^2\varphi_1 - \lambda_1^2 l_1^2\cos^2\varphi}}. \tag{22}$$

Ist a berechnet worden, so findet man c nach:

$$c = \frac{\lambda a l}{\sqrt{4a^2\cos^2\varphi - \lambda^2(h^2 + k^2)}}. \tag{23}$$

Am einfachsten läßt sich a aus solchen Interferenzen berechnen, bei denen $c = 0$ ist, und c, bei denen $a = b = 0$ sind. Solche Interferenzen kommen leider im nötigen Winkelbereich ziemlich selten vor. a kann natürlich aus den Interferenzen nicht berechnet werden, wo $h = k = 0$, und c aus solchen nicht, wo $l = 0$ ist. Da a und c gemäß den Formeln (21), (22) und (23) durch Teilung zweier Zahlen erhalten werden, so sind die Resultate genauer, wenn beide größere Zahlen sind: die Fehler bei der experimentellen Bestimmung von φ fallen dann weniger ins Gewicht. Bei der Feststellung von a ist das weniger bemerkbar, in viel stärkerem Maße aber bei der Berechnung von c. Der Index l der Interferenz muß deshalb möglichst hoch sein und am besten sich l_{max} nähern, die Resultate sind dann am genauesten, wie das gleich am nächsten Beispiel zu sehen sein wird.

Beispiel 2. Die Gitterkonstanten $a_{25°}$ und $c_{25°}$ des tetragonalen β-Zinns sollen aus einer Pulveraufnahme berechnet werden ($t = 26{,}57°$ Cu-Strahlung, Film Nr. 753). Vermessen wurden zwei Dublette 503 und 271.

Aus diesen können durch Kombination vier Werte für a und vier für c erhalten werden (Tabelle 8).

$$a = \frac{\lambda}{2}\sqrt{\frac{l^2(h_1^2+k_1^2)-l_1^2(h^2+k^2)}{l^2\cos^2\varphi_1 - l_1^2\cos^2\varphi}} = \frac{1{,}537\,395}{2}\sqrt{\frac{3^2(2^2+7^2)-1^2(5^2+0^2)}{3^2\cos^2 8{,}262 - \cos^2 12{,}203}}$$

$$= \frac{1{,}537\,395}{2}\sqrt{\frac{452}{8{,}849\,260 - 0{,}963\,705}} = 5{,}819\,82\,\text{Å}.$$

$$c = \frac{\lambda a l_1}{\sqrt{4a^2\cos^2\varphi_1 - (h_1^2+k_1^2)\lambda^2}} = \frac{1{,}537\,395 \cdot 5{,}819\,82 \cdot 1}{\sqrt{4 \cdot 5{,}819\,82^2\cos^2 8{,}262 - (2^2+7^2)\,1{,}537\,395^2}}$$

$$= \frac{8{,}947\,362}{\sqrt{133{,}211\,005 - 125{,}270\,734}} = 3{,}175\,25\,\text{Å}.$$

Die aus den übrigen Linien berechneten Konstanten findet man in der Tabelle 8.

Tabelle 8. Die Gitterkonstanten des β-Sn. Cu-Strahlung. Exposition 10 Stunden; $t = 26{,}57$. Film Nr. 753.

Index	φ^g	a_t	a_{25}	c_t	c_{25}
$503\,\alpha_1$ $271\,\alpha_1$	12,203 8,262	5,81982	5,81967	3,17525	3,17509
$503\,\alpha_2$ $271\,\alpha_2$	11,345 6,935	5,81976	5,81961	3,17457	3,17441
$271\,\alpha_2$ $503\,\alpha_1$	6,935 12,203	5,81973	5,81958	3,17501	3,17485
$271\,\alpha_1$ $503\,\alpha_2$	8,262 11,345	5,81984	5,81969	3,17481	3,17465
	Mittelwert	5,81979	5,81964	3,17491	3,17475

Die Zahlen der Tabelle zeigen, daß die c-Konstante erheblich stärker schwankt als a, zwar deswegen, weil l eine kleine Zahl ist. Das fällt besonders bei den ersten c_{25} auf, die aus 271 berechnet worden sind; bei den letzten zwei (aus 503) ist die Übereinstimmung schon wesentlich besser.

Im hexagonalen System ist: $a = b$, $c \neq a$, $\alpha = \beta = 90°$ und $\gamma = 120°$. Unter diesen Bedingungen geht die Formel (15) für d in

$$d = \frac{a}{\sqrt{\frac{4}{3}(h^2+k^2+hk) + \frac{a^2 l^2}{c^2}}} \tag{24}$$

über, und die quadratische Form lautet:

$$\sin^2\vartheta = \frac{\lambda^2}{4a^2}\left[\frac{4}{3}(h^2+k^2+hk) + \frac{a^2 l^2}{c^2}\right]. \tag{25}$$

Ebenso wie im Falle des tetragonalen Kristalls sind hier zwei Unbekannte a und c. Es muß deshalb ganz wie in jenem Fall verfahren werden. Für a und c erhält man deshalb die Ausdrücke:

$$a = \lambda \sqrt{\frac{l^2 (h_1^2 + k_1^2 + h_1 k_1) - l_1^2 (h^2 + k^2 + h k)}{3 (l^2 \cos^2 \varphi_1 - l_1^2 \cos^2 \varphi)}}. \tag{26}$$

Beim Arbeiten mit zwei verschiedenen Strahlungen:

$$a = \lambda \lambda_1 \sqrt{\frac{l^2 (h_1^2 + k_1^2 + h_1 k_1) - l_1^2 (h^2 + k^2 + h k)}{3 (\lambda^2 l^2 \cos^2 \varphi_1 - \lambda_1^2 l_1^2 \cos^2 \varphi)}} \tag{27}$$

Ist a gefunden, so berechnet man c:

$$c = \frac{\lambda a l}{2} \sqrt{\frac{3}{3 a^2 \cos_2 \varphi - \lambda^2 (h^2 + k^2 + h k)}}. \tag{28}$$

Beispiel 3. Die Gitterkonstanten des reinsten Magnesiums sollen aus zwei Filmen, mit Fe- und Ni-Strahlung erhalten, berechnet werden. Die letzten Interferenzen fallen unter den Winkeln $\varphi_{105\,\alpha_1} = 8{,}056^g$ (Fe-Str.), $\varphi^1_{205\,\alpha_1} = 6{,}852^g$ (Ni-Str.). $t = 26{,}61\,^\circ$C (Film Nr. 787 und 932).

$$a = \lambda \lambda_1 \sqrt{\frac{l^2 (h_1^2 + k_1^2 + h_1 k_1) - l_1^2 (h^2 + k^2 + h k)}{3 (\lambda^2 l^2 \cos^2 \varphi_1 - \lambda_1^2 l_1^2 \cos^2 \varphi)}}$$

$$= 1{,}932076 \cdot 1{,}65450 \cdot \sqrt{\frac{5^2 (2^2 + 0^2 + 2 \cdot 0) - 5^2 (1^2 + 0^2 + 1 \cdot 0)}{3 (1{,}932076^2 \cdot 5^2 \cos^2 6{,}852 - 1{,}65450^2 \cdot 5^2 \cos^2 8{,}056)}}$$

$$= \frac{15{,}983098}{\sqrt{93{,}322942 \cos^2 6{,}852 - 68{,}434256 \cos^2 8{,}056}} = 3{,}20290\,\text{Å};$$

$$c = \frac{\lambda a l}{2} \sqrt{\frac{3}{3 a^2 \cos^2 \varphi - \lambda^2 (h^2 + k^2 + h k)}}$$

$$= \frac{1{,}932076 \cdot 3{,}20290 \cdot 5}{2} \sqrt{\frac{3}{3 \cdot 3{,}20290^2 \cos^2 8{,}056 - 1{,}932076^2 (1^2 + 0^2 + 1 \cdot 0)}}$$

$$= 5{,}20015\,\text{Å}$$

Ein Teil der hexagonalen Kristalle kann bequemer rhomboedrisch beschrieben werden; in diesem Fall ist $a = b = c$ und $\alpha = \beta = \gamma \neq 90°$. Aus Formel (15) folgt dann:

$$d = \frac{a \sqrt{1 - 3 \cos^2 \alpha + 2 \cos^3 \alpha}}{\sqrt{(h^2 + k^2 + l^2) \sin^2 \alpha + 2 (h k + h l + k l) (\cos^2 \alpha - \cos \alpha)}}. \tag{29}$$

Die quadratische Form lautet:

$$\sin^2 \vartheta = \frac{\lambda^2}{4 a^2} \frac{(h^2 + k^2 + l^2) \sin^2 \alpha + 2 (h k + h l + k l) (\cos^2 \alpha - \cos \alpha)}{1 + 2 \cos^3 \alpha - 3 \cos^2 \alpha}. \tag{30}$$

Ebenso wie in den früheren Fällen sind hier zwei Unbekannte: die Rhomboederkonstante a und der Winkel zwischen den Kanten α. Aus (30) erhält man die Formel für a:

$$a = \frac{\lambda}{2} \frac{\sqrt{(h^2 + k^2 + l^2) \sin^2 \alpha + 2 (h k + h l + k l) (\cos^2 \alpha - \cos \alpha)}}{\cos \varphi \sqrt{1 + 2 \cos^3 \alpha - 3 \cos^2 \alpha}} \tag{31}$$

Zur Berechnung von α aus zwei Interferenzen hkl und $h_1k_1l_1$ wird die Gleichung (30) verwandt. Man kommt dann zu:

$$\begin{aligned}\cos^2\alpha\{&\lambda^2\cos^2\varphi_1[h^2+k^2+l^2-2(hk+hl+kl)]+\\&-\lambda_1^2\cos^2\varphi[h_1^2+k_1^2+l_1^2-2(h_1k_1+h_1l_1+k_1l_1)]\}+\\&+2\cos\alpha[\lambda^2\cos^2\varphi_1(hk+kl+hl)-\lambda_1^2\cos^2\varphi(h_1k_1+h_1l_1+k_1l_1)]+\\&+\lambda_1^2\cos^2\varphi(h_1^2+k_1^2+l_1^2)-\lambda^2\cos^2\varphi_1(h^2+k^2+l^2)=0.\qquad(32)\end{aligned}$$

Ein ausgerechnetes Beispiel ist auf S. 91 zu finden. Ist $a \neq b \neq c$ und $\alpha = \beta = \gamma = 90°$, so hat man es schon mit einer rhombischen Elementarzelle zu tun, und aus Formel (15) läßt sich für d ableiten

$$d = \sqrt{\frac{1}{\frac{h^2}{a^2}+\frac{k^2}{b^2}+\frac{l^2}{c^2}}}\,. \qquad (33)$$

Durch Einsetzen in die BRAGGsche Gleichung gelangt man zur quadratischen Form:

$$\sin^2\vartheta = \frac{\lambda^2}{4}\left(\frac{h^2}{a^2}+\frac{k^2}{b^2}+\frac{l^2}{c^2}\right). \qquad (34)$$

Hier sind drei Unbekannte a, b und c vorhanden, zu deren Auffindung allgemein drei Gleichungen aufgestellt und nach gegebenem Muster gelöst werden müssen. Es müssen natürlich auf den Film im Bereich der großen Winkel drei Linien mit verschiedenen Indizes, hkl, $h_1k_1l_1$ und $h_2k_2l_2$, vorhanden sein. Auch im Falle dreier Aufnahmen mit verschiedenen Wellenlängen lassen sich die entsprechenden Formeln wie schon gezeigt ableiten. Die Berechnung wird wesentlich einfacher, wenn einer der Indizes oder sogar zwei gleich Null sind. Dann gehen die Formeln in die viel einfacheren für tetragonale und kubische Kristalle über. Die Ableitung der Formeln kann hier unterbleiben, da die Bestimmung der Konstanten eines rhombischen Kristalls nach der Pulvermethode wohl sehr selten vorgenommen werden wird, eben weil die Zahl der Linien zu groß ist. Diese überlagern sich infolgedessen und werden für die Präzisionsbestimmung unverwendbar. Die Konstanten können aber sehr genau nach der Drehkristallmethode festgestellt werden (s. Teil II), und in diesem Fall gebraucht man die schon abgeleiteten Formeln für den tetragonalen Kristall.

Noch viel schwieriger fällt es, die Konstanten von monoklinen und triklinen Kristallen nach der Pulvermethode genau festzustellen, denn hier ist die Zahl der Linien noch viel größer, infolgedessen auch die Gefahr der Überlagerung. Für die Präzisionsbestimmung der Konstanten solcher Stoffe kommt die Pulvermethode deshalb überhaupt nicht in Frage.

II. Die Drehkristallmethode als Präzisionsverfahren.

1. Die Drehkristallmethode und deren Vorzüge.

Die Drehkristallmethode besitzt eine Reihe von Vorzügen gegenüber der Pulvermethode. Trotzdem ist sie bis in die letzte Zeit hinein für Präzisionsbestimmungen von Gitterkonstanten nicht verwandt worden. Die Genauigkeitsangaben erstreckten sich höchstens bis auf einige Einheiten in der 3. Dezimale. Die Identitätsperioden wurden zwar nach dieser Methode bestimmt, für die Feststellung der genauen Werte fielen aber nur Pulveraufnahmen oder Spektrometeraufnahmen ins Gewicht. Es hatte das bis jetzt auch seine Begründung: Die Mehrzahl der genauen Pulvermethoden arbeitet nämlich mit Eichsubstanzen; nun ist es zwar möglich, auch diese Substanzen bei Drehkristallaufnahmen anzuwenden, doch stößt man hier auf große Schwierigkeiten technischer Art. An Methoden, die auch ohne diese Substanzen genaue Resultate liefern würden, fehlte es aber bis jetzt. Das hier beschriebene Verfahren läßt sich nun ohne Schwierigkeiten auch auf die Drehkristallmethode ausdehnen, wobei die höchste Genauigkeit ohne jegliche Eichsubstanzen erzielt werden kann. In Anbetracht der großen Vorzüge, die die Drehkristallmethode mit sich trägt, kann diese in Verbindung mit der asymmetrischen als die Methode der Zukunft angesehen werden, da es sich dann meistens um die Erforschung und Messung großer und auch niedrigsymmetrischer Gitterzellen handeln wird, wozu die Pulvermethode nicht geeignet ist.

Die Drehkristallmethode kam zur Strukturbestimmung fast zur gleichen Zeit in Gebrauch wie die Pulvermethode, wenn auch schon im Jahre 1913 DE BROGLIE zur Erforschung der Röntgenstrahlen Drehkristallaufnahmen herstellte. Diese Methode wurde dank den Bemühungen von WAGNER, SEEMANN, POLANYI, WEISSENBERG, SCHIEBOLD, BERNAL u. a. weiter entwickelt und ihre Anwendungsfähigkeit für Strukturuntersuchungen klargelegt. Für die genaue Bestimmung der Größe von Gitterkonstanten wurde die Methode aber nicht verwandt. Daß das aber möglich ist, wurde im Jahre 1936 von einem der Verfasser gezeigt, indem hierzu die letzten Interferenzen der Äquatorschichtlinie benutzt wurden[1]. Einen weiteren Fortschritt bringt die Arbeit von BUERGER, in der zu demselben Zweck ein umgeändertes WEISSENBERG-Goniometer verwandt wird[2]. Der Fortschritt besteht darin, daß die Justierung des Kristalls nicht sehr genau zu sein braucht, mithin auch mit äußerlich weniger gut ausgebildeten Kriställchen Prä-

---

[1] STRAUMANIS, M., u. E. ENCE: Z. anorg. u. allg. Chem. **228**, 334 (1936) — STRAUMANIS, M.: ebenda **233**, 201 (1937).

[2] BUERGER, M. J.: Z. Kristallogr. **97**, 433 (1937).

zisionsaufnahmen hergestellt werden können. Die höchste Genauigkeit erhielt aber die Methode, als 1938 die Verfasser Drehkristallaufnahmen bei konstanten Temperaturen (in Thermostaten) herstellten: sie fanden, daß die erhaltenen Gitterkonstanten mit denen nach der DEBYE-SCHERRER-Methode bestimmten innerhalb der möglichen Fehler übereinstimmen[1].

Stellt man in das Röntgenstrahlenbündel der DEBYE-Kamera statt des Pulverpräparates einen um eine seiner kristallographischen Achsen rotierenden Kristall, so liefert dieser auf dem Film Reflexe, die auf einzelnen „Schichtlinien" liegen. Diejenigen Reflexe, die von den Flächen des Kristalls stammen, die der Drehachse und mithin auch der Zonenachse und folglich auch einer der kristallographischen Bezugsachsen parallel verlaufen, fallen auf den „Äquator". Dieser liegt genau im Schnitte senkrecht zur Kameraachse und entspricht den Mitten der DEBYE-Linien, wo die Vermessung der Filme erfolgt. Da der Kristall um eine seiner Achsen rotiert, so befinden sich alle möglichen Interferenzen der hierzu senkrechten Zone auf dem Äquator, ausgenommen selbstverständlich den seltenen Fall, daß die verwendete Wellenlänge größer ist als die Identitätsperiode. In diesem Fall sind überhaupt keine Interferenzpunkte zu bemerken.

Einer der größten Vorzüge des Drehkristallverfahrens besteht nun darin, daß eine jede Aufnahme immer zwei bis drei Konstanten liefert: die senkrecht zur Rotationsachse und die in Richtung dieser Achse. Die ersteren Konstanten können nun allerdings nur nach der Indizierung des Äquators berechnet werden; hierbei läßt sich noch ein weiterer Vorteil der Methode ausnutzen, nämlich der, daß die reflektierenden Flächen die Rotationsachse erst in der Unendlichkeit schneiden. Somit ist wenigstens ein Index eines jeden Interferenzpunktes auf der Äquatorschichtlinie gleich Null. Dreht man z. B. einen rhombischen Kristall um die c-Achse, so lassen sich die Reflexe des Äquators durch $hk0$, $h00$ und $0k0$ beziffern. Das erleichtert natürlich die Arbeit sehr. Außerdem ist die Zahl der Linien viel geringer als bei entsprechenden Pulveraufnahmen. Sind sämtliche Interferenzpunkte beziffert, so läßt sich aus den höchsten Ordnungen unter Benutzung der gemessenen Glanzwinkel die Gitterkonstante *senkrecht* zur Rotationsachse mit höchster Genauigkeit bestimmen.

Die zweite Konstante (in Richtung der Rotationsachse) kann dagegen viel einfacher, ohne jede Indizierung gefunden werden, nämlich aus dem Abstande (a) der Schichtlinien, senkrecht zur Äquatorschichtlinie gemessen:

$$I = \frac{n \cdot \lambda}{\sin \mu_n}. \tag{35}$$

[1] STRAUMANIS, M., u. A. IEVIŅŠ: Z. Physik **109**, 728 (1938).

Hier ist I die Identitätsperiode, n die Nummer der Schichtlinie und μ_n der Schichtlinienwinkel. Letzterer läßt sich aus dem Abstand a der Schichtlinie vom Äquator und dem Filmhalbmesser (r) berechnen:

$$\operatorname{tg}\mu_n = \frac{a}{r}\,.$$ [1]

Der auf diese einfache Weise erhaltene Abstand in Richtung der Rotationsachse ist jedoch sehr ungenau, eben weil a wegen der Breite der Linien nur ungefähr vermessen werden kann und ein jeder Fehler bei der Abstandsbestimmung sehr stark die Größe der Gitterkonstante beeinflußt (der Sinusfunktion wegen). Trotzdem hat diese Bestimmung eine große Bedeutung, da drei Drehkristallaufnahmen um die drei Hauptachsen eines rhombischen Kristalls z. B. sofort drei Konstanten liefern, mit denen es möglich ist, die Äquatorschichtlinie einer jeden Aufnahme zu indizieren und so zu den genauen Werten der Gitterkonstanten zu gelangen.

Ein weiterer, sehr wichtiger Umstand ist der, daß im Fall niedrigsymmetrischer Substanzen oder auch kubischer mit großen Gitterzellen die letzten Interferenzen bei Pulveraufnahmen überhaupt nicht zu unterscheiden sind, da sie durch Überlagerung verschwommen erscheinen. Es gelingt dabei durch kein Mittel, scharfe letzte Linien zu erhalten, wenn man sich nicht langwelliger Strahlungen und Vakuumkameras bedienen will. Hier leistet nun die Drehkristallmethode Hervorragendes, da sich Präzisionsmessungen an Substanzen mit ziemlich großen Gitterkonstanten durchführen lassen. Auch in den Fällen, wo aus irgendwelchen Gründen bei Pulveraufnahmen die Substanzen nach dem Pulverisieren nicht erhitzt werden dürfen (s. S. 36), läßt sich die Methode mit Erfolg benutzen. Hierzu sind nur kleine einzelne Kriställchen nötig; die Aufnahmen lassen sich somit mit kleinsten Mengen eines fraglichen Stoffes durchführen.

Da sich der Strahlung verhältnismäßig viel größere Kristallflächen als bei Pulveraufnahmen aussetzen, so ist die Belichtungszeit kürzer und die Grundschwärzung geringer. Die Fluoreszenz macht sich weniger bemerkbar, und es können, ohne die Sekundärstrahlung zu filtrieren, Kriställchen sogar von solchen Substanzen aufgenommen werden, die in Pulverform ganz schwarze Diagramme liefern. Die Interferenzen höchster Ordnungen fallen deshalb bei Drehkristallaufnahmen auch in den Fällen deutlich und genügend stark aus, bei denen Pulverpräparate schon längst verschwommene, nicht mehr vermeßbare Linien liefern. Auch die Vermessung des Äquators von Drehaufnahmen ist einfacher, da die zu vermessenden Stellen der Interferenzen schon durch die Schichtlinie selbst markiert sind.

[1] Ein ausgerechnetes Beispiel ist zu finden in R. GLOCKER: Materialprüfung mit Röntgenstrahlen, 2. Aufl., S. 192. Berlin: Julius Springer 1936.

2. Die Verwendung des Äquators zu Präzisionsmessungen.

a) Die erreichbare Präzision. Der Fehler lag bei Drehkristallaufnahmen schon meistens in der 2. oder 3. Dezimale. Durch Anwendung der asymmetrischen Methode auf dieses Verfahren konnte schon gleich zu Anfang die Präzision der Bestimmung erheblich gesteigert werden: die Resultate einzelner Berechnungen schwankten in den Grenzen von etwa 0,01%. Zu guten Resultaten gelangte auch BUERGER (s. S. 59), denn er spricht von einer Bestimmungsmöglichkeit der 5. Dezimale. Da nun in der Arbeit keine Zahlen angeführt werden, aus denen man objektiv über die Präzision der Methode urteilen könnte, so ist die hohe Genauigkeit mit Vorbehalt zu betrachten, zumal nicht im Thermostat gearbeitet wurde und Temperaturänderungen in den Grenzen von 1° C die Gitterkonstante schon um einige Einheiten in der 4. Stelle (nach dem Komma) beeinflussen können. Beim Arbeiten in Thermostaten nach der asymmetrischen Methode dagegen und bei Verwendung möglichst dünner Kriställchen läßt sich eine Präzision von 0,0005% und höher erreichen.

Um nun zu zeigen, wie weit die Konstanten, nach dem Drehkristallverfahren bestimmt, mit denen nach der Pulvermethode erhaltenen übereinstimmen, wurde von den Verfassern eine vergleichende Untersuchung am Steinsalz nach beiden Methoden unternommen. Aus den folgenden Tabellen ist zu sehen, wie sich die Konstanten reproduzieren lassen und wie sie mit denen nach der Pulvermethode erhaltenen übereinstimmen. Über die Einzelheiten der Herstellung der Präparate wird weiter unten die Rede sein.

Das Steinsalz wurde aus vier Gründen gewählt: 1. weil es ein kubischer Stoff ist, der scharfe und verhältnismäßig wenige Interferenzen liefert und die Gitterkonstante sich ohne größeres Rechnen feststellen läßt; 2. weil sich aus Steinsalzkristallen ziemlich leicht dünne Drehkristallpräparate herstellen lassen, die das Erreichen höchster Präzision garantieren; 3. weil bei Benutzung von Cu-Strahlung in beiden Fällen sich die günstige Interferenz 640 ($\varphi \cong 11^g$) verwenden läßt, und 4. weil das aus dem Kristall hergestellte Pulver zur Aufhebung innerer Spannungen und Deformationen erhitzt werden kann. Es ist überhaupt nicht so leicht, noch einen anderen Stoff zur Untersuchung zu finden, der den obigen vier Bedingungen genügen würde. Andererseits besitzt das Steinsalzpulver auch eine unbequeme Eigenschaft: die erhaltenen Konstanten lassen sich nicht mit der Genauigkeit und Sicherheit reproduzieren, wie das z. B. beim Aluminium möglich ist. Das ist übrigens auch schon von BRADLEY und JAY bemerkt worden[1]. Um den Messungen eine größere Sicherheit zu verleihen, wurden Steinsalzkristalle und deren

---

[1] BRADLEY, A. J., u. A. H. JAY: Proc. phys. Soc., Lond. **45**, 507 (1933).

Pulver, aus fünf Lagerstätten stammend, untersucht. Die verwandten Kristalle waren vollständig durchsichtig, ohne irgendwelche Einschlüsse. Auch die durchgeführten chemischen Analysen bestätigten die hohe Reinheit der Substanzen. Das Pulver wurde aus demselben Steinsalz, das zur Herstellung der entsprechenden Einkristallpräparate diente, bereitet. Zu den Drehkristallaufnahmen wurden runde, durch Abätzen erhaltene 0,20—0,25 mm dicke Einkristallstäbchen verwandt.

Eine Messungsreihe am Steinsalz aus Wieliczka ist hier in der Tabelle 9 wiedergegeben. Zu den Berechnungen wurden nur die zwei letzten Interferenzlinien 640 α_1 und α_2 benutzt. Jeder φ-Wert wurde ferner von zwei Beobachtern, durch mehrfaches Ausmessen einer jeden Linie, als Mittelwert erhalten. Die beiden Messungsreihen sind in der Tabelle untereinander angeführt. Alle Aufnahmen wurden bei einer Temperatur von etwa 26,5° C angestellt. Zur Reduktion der Konstanten auf 25 und 18° diente der Ausdehnungskoeffizient $40,5 \cdot 10^{-6}$. Auf Brechung sind die Zahlen der Tabelle nicht korrigiert.

Tabelle 9. Die Gitterkonstanten von Steinsalzkristallen und Steinsalzpulver aus Wiezlicka. Cu-Strahlung. Expositionszeiten: 2–3 Stunden für die Drehkristall- und 8 für die Pulveraufnahmen.

Film	t	φ^g		a_t		Mittelwert
Nr.	°C	640 α_1	640 α_2	α_1	α_2	a_{25}
		Drehkristallaufnahme.				
835	26,40	11,140	10,201	5,62914	5,62909	
		11,136	10,205	5,62909	5,62915	5,62880
837	26,34	11,143	10,203	5,62919	5,62912	
		11,142	10,206	5,62917	5,62916	5,62885
839	26,35	11,142	10,208	5,62918	5,62919	
		11,143	10,209	5,62919	5,62920	5,62888
845	26,32	11,150	10,204	5,62930	5,62914	
		11,151	10,203	5,62932	5,62912	5,62892
847	26,29	11,152	10,207	5,62934	5,62917	
		11,152	10,205	5,62934	5,62915	5,62893
848	26,37	11,154	10,215	5,62935	5,62930	
		11,150	10,219	5,62930	5,62935	5,62901
						5,62890 ± 0,00005 Å
		Pulveraufnahme				
873	26,55	11,151	10,224	5,62933	5,62943	
		11,152	10,228	5,62934	5,62948	5,62905
874	26,54	11,157	10,221	5,62941	5,62939	
		11,159	10,221	5,62945	5,62939	5,62906
879	26,50	11,152	10,211	5,62934	5,62924	
		11,151	10,211	5,62934	5,62924	5,62895
						5,62902 ± 0,00003 Å

In der Tabelle 10 sind die Konstanten von fünf Steinsalzsorten, aus fünf Lagerstätten stammend, mit Hilfe der Pulver- und Drehkristallmethode erhalten, zum Vergleich nebeneinander gestellt:

Tabelle 10. Gitterkonstanten von Steinsalz nach der Pulver- und Drehkristallmethode bei 25 und 18° C.

Lagerstätte	Pulver	Drehkristall	
Wieliczka	5,62902	5,62890	+0,00012
Brjanzewka	5,62899	5,62889	0,00010
Posen	5,62905	5,62892	0,00013
Staßfurt	5,62912	5,62894	0,00018
Hodschent	5,62895	5,62889	0,00006
Mittelwerte	5,62903	5,62891	0,00012
Brechungskorrektur . .	0,00004	0,00004	.
a_{25} korrig.	5,62907	5,62895	
a_{18} korrig.	5,62747	5,62735	
	±0,00003	±0,00002	

Wie ersichtlich, liefert auch die Drehkristallmethode, durch das asymmetrische Verfahren vervollkommnet, sehr gut übereinstimmende Werte. Die Schwankungen der einzelnen Messungen sind zwar etwas größer als bei der Pulvermethode, die Mittelwerte mehrerer Aufnahmen stimmen aber untereinander außerordentlich gut überein. Die größeren Schwankungen bei Drehkristallaufnahmen erklären sich dadurch, daß die Interferenzen, trotz dünnster Präparate, doch nicht so scharf ausfallen wie bei Pulveraufnahmen. Das bezieht sich besonders auf die letzten Reflexe, die manchmal ziemlich verwaschen erscheinen. Die Präzision der Filmvermessung ist deshalb geringer, und die berechneten Konstanten weisen größere Schwankungen auf.

Vergleicht man die Zahlen der Tabelle 10, so ist zu sehen, daß die Konstanten, nach der Drehkristallmethode erhalten, durchweg etwas niedriger sind als die nach der Pulvermethode. Der Unterschied beträgt beim Steinsalz 0,00012 Å oder 0,0025%. Er ist zwar sehr gering, aber doch vorhanden. Für Aufnahmen mit geringerer Genauigkeit spielt er keine Rolle, da der Unterschied vollständig innerhalb der Fehlerspanne fällt. Das Zustandekommen dieses Unterschiedes kann durch manche nicht vollständig gleiche Arbeitsbedingungen erklärt werden. Es kämen hier in Betracht: 1. die Absorption, 2. das Durchglühen des Pulvers und 3. der sog. Korngrößeneffekt. Die auftretenden Abweichungen lassen sich zwanglos schon durch die beiden ersten Punkte erklären. Der dritte Grund, die mögliche Abhängigkeit der Gitterkonstante von der Korngröße — eine Frage, die in letzter Zeit oft diskutiert worden ist —, fällt deshalb von selbst weg. Der Vollständigkeit halber, da diese Frage gerade hier bei Dreh- und Pulveraufnahmen von Bedeutung ist, soll darauf hingewiesen werden, daß die verschiedenen Meinungen und die experimentellen Ergebnisse widerspruchsvoll sind. Schon der Entdecker des Effektes selbst, WIEST, meint zuletzt, die Gitterkonstante sei keine eindeutige Funktion der Korngröße, wahrscheinlich aber eine solche des Verformungsgrades, der Glühtemperatur und der Glühzeit[1]. Da die Untersuchungen von WIEST an Legierungen durchgeführt worden sind, so meinen SCHMID, SIEBEL[2] und WASSERMANN[3], daß der Effekt durch Abweichungen in der Zusammensetzung der Ein- und Vielkristalle zustande komme. Dieser Auffassung kann nur beigestimmt werden.

Ein gewisser Unterschied könnte noch zwischen den Gitterkonstanten der äußersten und der inneren Netzebenen eines Kristalls, gemäß der Theorie von LENNARD-JONES, bestehen[4]. Hier konnte von THIESSEN und SCHOON am KCl gezeigt werden, daß sich mit Elektronenstrahlen ein Effekt von 1,2% statt des theoretisch berechneten von 6,9% nachweisen läßt[5].

Die Versuche mit Röntgenstrahlen zeigen jedenfalls, daß ein Unterschied der Gitterkonstanten zwischen Einkristallen und demselben fein gepulverten Material (wenigstens bis zu einer Korngröße von 10^{-3} mm herab) nicht besteht, was für die Präzisionsbestimmung der Gitterkonstanten von Bedeutung ist.

b) Die Herstellung der Kristallpräparate. Die Herstellung der für die Aufnahmen geeigneten Präparate bietet insofern Schwierigkeiten, da hierzu dünne, jedoch nicht zu dünne, gut ausgebildete, möglichst regelmäßige Kriställchen nötig sind. Kristallisiert das Präparat in Nadeln, so ist einerseits das Aufnehmen beim Rotieren der Nadeln um die Längsachse zwar erleichtert, es stellen sich aber bedeutende Schwierigkeiten in den Weg, wenn man Aufnahmen in senkrechter Richtung hierzu herstellen will. Indessen lassen sich diese Schwierigkeiten durch geeignete Wahl der Kristallisationsbedingungen in vielen Fällen umgehen. Meistens genügt schon die langsame Kristallisation, denn hierdurch kann zweierlei erreicht werden: 1. die Kriställchen fallen viel regelmäßiger aus, und 2. das bevorzugte Wachstum wird in einer Richtung gehemmt, so daß es zur Ausbildung mehr würfelähnlicher Formen kommt. Durch die langsame Kristallisation können weiter größere Kriställchen schwerer löslicher Stoffe hergestellt werden, so daß auch diese der Präzisionsbestimmung von Gitterkonstanten zugänglich werden. Handelt es sich um nicht sehr schwer lösliche Stoffe, wie z. B.

---

[1] WIEST, P.: Z. Physik **74**, 225 (1932); **81**, 121 (1933); **94**, 176 (1935) — Metallw. **12**, 255 (1933).

[2] SCHMID, E., u. G. SIEBEL: Z. Physik **85**, 36 (1933) — Metallw. **11**, 6 5 (1932).

[3] WASSERMANN, G.: Metallw. **14**, 813 (1935).

[4] LENNARD-JONES, J. E.: Z. Kristallogr. **75**, 215 (1930).

[5] THIESSEN, P. A., u. TH. SCHOON: Z. physik. Chem. B **36**, 195 (1937).

um das tetragonale $Zn[Hg(CNS)_4]$, so läßt sich die langsame Kristallisation auf die Weise durchführen, daß man die siedend heiße, fast konzentrierte Lösung in ein größeres Volumen siedend heißen Wassers stellt und langsam abkühlen läßt. Im Laufe von 10, 20 und mehr Stunden kristallisiert aus der Lösung der Stoff in geeigneten Kriställchen. Sind diese zu groß, so muß eine verdünntere heiße Ausgangslösung gewählt werden. Auch durch die Wahl einer größeren oder kleineren Menge der Lösung kann die Größe der Kriställchen beeinflußt werden. Zum Ziel kommt man aber nur durch Vorversuche. Die Mutterlauge wird von den gebildeten Kristallen abgesogen, diese werden, wenn nötig, etwas gewaschen und zuletzt getrocknet. Unter dem Präpariermikroskop läßt sich dann immer eine Anzahl von Kriställchen finden, die sich für Aufnahmen um die Längsachse, aber auch in senkrechter Richtung hierzu eignen. Die Kristallisation sehr schwer löslicher Stoffe erfolgt natürlich viel langsamer, es müssen hierzu größere Volumina der gesättigten Lösungen gebraucht werden. Schöne Kriställchen lassen sich auch durch sehr langsames Verdunsten des Lösungsmittels herstellen.

Es gelingt aber trotzdem manchmal nicht, kürzere Kriställchen zu erhalten. In diesen Fällen kann man versuchen, durch Brechen oder Zerschneiden der Nadeln zu kürzeren Stücken zu kommen. Ist das Material brüchig, so sind sogar die letzten Interferenzen bei den nachfolgenden Aufnahmen nicht verbreitet. Es gelang z. B. auf diese Weise, mit einem geeigneten dünnen Messer unter dem Mikroskop Tellurkristalle, die in sechsseitigen Säulen im Vakuum gewachsen waren, senkrecht zur Längsachse in dünne Scheiben zu schneiden: die Kristallscheibchen lieferten sogar in 6. Ordnung (die höchstmögliche mit Ni-Strahlung) sehr deutliche Interferenzen, die von der Basis (den Schnittebenen) stammten.

Häufig handelt es sich darum, von Mineralen (Kristallen) dünne Nadeln für Drehkristallaufnahmen abzuspalten. Sehr gut kann das mit scharfen Rasierklingen durchgeführt werden. So konnten z. B. vom Kalkspat dünne Kristallnadeln erhalten werden, die sehr scharfe Interferenzen lieferten. Das ist natürlich nur bei Kristallen mit guter Spaltbarkeit möglich. Werden diese aber deformiert, so lassen sich manchmal die Spannungen durch Erhitzen aufheben; eine Rekristallisationsmöglichkeit muß dabei allerdings in Betracht gezogen werden.

Liegen leichter deformierbare Minerale oder andere größere Kristalle vor, deren abgespaltete Nadeln nicht erhitzt werden dürfen, so kann man sich der Ablösemethode bedienen, falls die Substanz in Wasser oder anderen Lösungsmitteln löslich ist. Die Einkristallnadeln für Steinsalzaufnahmen wurden z. B. auf folgende Weise hergestellt. Von einem größeren, sehr reinen Steinsalzkristall wurden etwa $5 \times 5 \times 20$ mm große Stäbchen abgespalten. Ein jedes ließ sich in Wasser bis auf einen Durchmesser von 0,4—0,5 mm ziemlich leicht ablösen. Um die Kristallnadeln noch feiner zu erhalten, wurden diese in nahezu konzentrierte Kochsalzlösung gebracht. Hier erfolgte die Abätzung viel langsamer, und zuletzt erhält man etwa 0,20—0,25 mm dicke und einige mm lange, runde Kristallnadeln. Wird die Ablösung nur in reinem Wasser vorgenommen, so brechen die Nadeln während der Behandlung leicht am dickeren Ende, an dem das Stäbchen gehalten wird, ab. Die Präparate lassen sich zuletzt mit Alkohol waschen und trocknen. Mit solchen Präparaten konnten viel schärfere Aufnahmen hergestellt werden als mit abgespaltenen, wenn auch sehr dünnen Nadeln: in letztem Fall waren die Interferenzen infolge der Deformation verbreitert. Diese konnte durch Erhitzen nicht aufgehoben werden, da die Nadeln dabei in zu kurze Stücke platzten.

Die Technik zum Erhalten von walzenförmigen Präparaten aus weichen, deformierbaren Kristallen ist auch von Chrobak beschrieben worden[1]. Besitzt der zu untersuchende Kristall keine geeignete natürliche Fläche, so muß mit Hilfe eines Kristallschleifgoniometers oder eines ähnlichen Apparates eine zur Drehachse senkrechte Fläche angeschliffen werden. Ist der Kristall leicht deformierbar, so empfiehlt es sich, die gewünschte Fläche vorsichtig, zuerst auf einer Mattscheibe, die mit glattem, durch ein geeignetes Lösungsmittel getränktem Filtrierpapier (oder Leinen) bedeckt ist, grob abzuschleifen. Das Feinschleifen kann dann am besten auf einer gut gereinigten, mit entsprechendem Lösungsmittel sparsam, hauchartig bespritzten, feinkörnigen Mattscheibe vorsichtig beendet werden. Hat die gewünschte Fläche eine genügende Größe erreicht (etwa 2,5 mm im Durchmesser), so kann diese mit einer ziemlich konzentrierten alkoholischen Schellacklösung (oder anderem Klebemittel) auf die ebene Fläche des Objektträgers gekittet werden. Ist der Lack eingetrocknet, so kann aus dem Kristall das walzenförmige Präparat herausgeschnitten werden. Um den Kristall beim Schneiden von möglichen Deformierungen zu bewahren, empfiehlt es sich nach Chrobak, hierzu einen durch das geeignete Lösungsmittel getränkten Faden zu verwenden. Der Faden kann in einen Drahtbügel oder in einen kleinen, leichten Laubsägerahmen eingespannt werden. Diese Behandlung dauert zwar bei schwer löslichen Substanzen ziemlich lange, doch kann man bei vorsichtiger Handhabung die weichsten und sprödesten Kristalle ohne irgendwelche Biegung oder Spaltung zerschneiden. Hat man auf diese Weise eine Kristallsäule hergestellt, so muß diese weiter auf den Durchmesser von etwa 0,2 mm abgeätzt werden. Das kann nun ebenso wie oben schon beim Steinsalz geschildert, erfolgen, oder man bearbeitet das Objekt vorsichtig mit einer Anzahl von Filtrierpapierstreifen, deren eines Ende vor dem Gebrauch mit

[1] Chrobak, L.: Bull. de l'Acad. Polonaise **1929**, 497.

einem geeigneten Lösungsmittel benetzt worden ist. Um das Abbrechen des Kristalls zu vermeiden, werden die Streifen in einem Abstand von 5—8 cm vom benetzten Ende angefaßt. Mit dem feuchten Ende des Streifens reibt man die hervorragenden Teile des Kristallstückes so lange, bis es eine walzenförmige Gestalt annimmt. Zuletzt kann durch vorsichtiges Anlegen der feuchten Streifen an das rotierende Präparat dessen Durchmesser auf das gwünschte Maß abgelöst werden.

Dünne metallische Einkristallpräparate lassen sich auf eine ähnliche Weise herstellen, nur müssen zum Lösen geeignete Säuren gewählt werden.

Liegen unlösliche und schwer spaltbare Kristalle oder Minerale vor, so können aus diesen Dünnschliffe hergestellt werden. Auf optischem Wege lassen sich dann diejenigen Körner bestimmen, in denen die optischen Achsen in den gewünschten Richtungen verlaufen. Aus diesen Stellen des Dünnschliffes können dann weiter in festgesetzter Richtung Kristallstäbchen herausgeschnitten werden. Dieser Weg ist allerdings mühsam, es bleibt aber in vielen Fällen kein anderer Ausweg.

c) Die Auswahl und die Befestigung der Kriställchen am Objektträger. Um ein schönes Drehdiagramm zu erhalten, muß der betreffende Kristall möglichst fehlerlos gebaut und in Richtung der Rotationsachse dünn sein, mit einem regelmäßigen Querschnitt, damit sich alle Flächen in demselben Abstand vom Rotationszentrum befänden. Es bleibt deshalb nichts anderes übrig, als unter einem Präpariermikroskop aus einer größeren Anzahl von Kriställchen die geeignetsten herauszusuchen. Die besten sind etwa 0,1—0,2 mm dünne und 1—3 mm lange Kriställchen mit schön reflektierenden Flächen. Bei stärkerer Vergrößerung wird dann weiter untersucht, ob die ausgelesenen Kristalle nicht irgendwelche Auswüchse besitzen, denn für die Aufnahmen sind möglichst fehlerfreie Exemplare zu benutzen.

Sind im Präparat keine dünnen, nadelartigen Kristalle vorhanden und können solche nicht hergestellt werden, so müssen bei den Aufnahmen zwei Ungenauigkeiten in Kauf genommen werden: die Linienverschiebung infolge der Absorption und die Aufspaltung des Äquators infolge Schwierigkeiten beim Justieren kurzer und schlecht reflektierender Kristalle. Bei solchen dicken Kristallen sind die Interferenzpunkte zudem noch breit, was am deutlichsten bei den hohen Ordnungen zu sehen ist. Doppelinterferenzen von beiden Seiten des Kristalls stammend, können dabei oft bei kleinen Glanzwinkeln festgestellt werden.

Die geeignetsten Kristalle werden dann an dünne Stäbchen aus LINDEMANN-Glas mit ziemlich dickem Schellack (alkoholische Lösung) angeklebt[1]. Die Stäbchen, deren eines Ende zu einer scharfen Nadel ausgezogen ist, können 0,3—0,4 mm dick und etwa 10 mm lang sein. Das

[1] Am besten ist Methylalkohol, dem etwas Ethylalkohol zugegeben ist.

Ankleben der Kriställchen und das Aufbewahren der Präparate erfolgt nun am besten folgendermaßen: Man faßt die Glasnadel mit einer Pinzette, deren Enden mit Leder bezogen sind, und steckt das stumpfe Ende der Nadel in einen Kork, der in eine kleine Flasche paßt. Dann bestreicht man das scharfe Ende des Stäbchens mit etwas Lack und berührt damit (am Kork haltend) das Kriställchen an geeigneter Stelle: es sitzt sofort am Stäbchen. Der Kristall kann weiter mit Hilfe einer Nadel unter dem Mikroskop leicht ausgerichtet werden und wird dann zum Trocknen in vertikaler Stellung in die Nähe einer brennenden Lampe gebracht; Abb. 23a zeigt das Aussehen des Präparates. Das Trocknen dauert etwa eine Stunde und muß vorsichtig erfolgen, denn sonst verdreht sich der Kristall am Ende der Nadel. Zum Aufbewahren des Präparates wird der Kork einfach in die Flasche gesteckt (Abb. 23d); der Kristall ist dann vor jeder Zufälligkeit geschützt. Stehen längere, nadelartige Kriställchen zur Verfügung, so können diese auch an feine Drähte aus Kupfer oder Blei geklebt werden; die Einstellung in den Röntgenstrahl muß dann so erfolgen, daß der Draht nicht von den Strahlen getroffen wird. In vielen Fällen stört jedoch das Auftreten von Debye-Linien nicht. Der Draht hat den Vorzug, nicht brüchig zu sein; außerdem kann er an seinem freien Ende abgeschnitten werden, wenn er sich als zu lang erweisen sollte. Die Glasträger können dagegen nur durch Abschmelzen kürzer gemacht werden, beim Brechen oder Schneiden springt der Kristall meistens vom anderen Ende des Stäbchens ab.

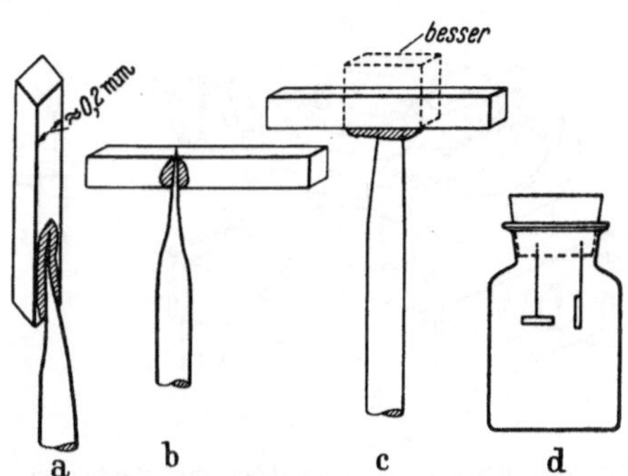

Abb. 23. Kristallpräparate auf Glasnadeln.

Viel schwerer ist es, den Kristall für Aufnahmen senkrecht zur Längsrichtung vorzubereiten. Das erfolgt, wie in der Abb. 23b gezeigt. Schneidet oder schleift man das Ende der Glasnadel etwas ab, so kann der Kristall direkt aufs Ende geklebt werden (Abb. 23c). Auch Metalldrähte können als Kristallträger verwandt werden; stören aber die Interferenzen, so klebt man an den Draht eine kurze Glasnadel, an diese zuletzt den Kristall. Die auf die beschriebene Weise hergestellten, gut eingetrockneten Präparate halten eine Temperatur bis 60° C aus, ohne daß sich der Lack deformiert.

d) Das Zentrieren und Justieren der Kristalle. Die beste Einrichtung zum Zentrieren und Justieren der Kristalle ist ein kleiner Goniometerkopf mit Bogen- und Kreuzschlittenverschiebung (Bauart Seemann oder

Fuess, Abb. 24), der auf die Achse der Debye-Kamera geschraubt werden kann. Die Bogenschlitten der Köpfe müssen so konstruiert sein, daß die Zentren der beiden senkrecht zueinander stehenden Bogen *S* in einem Punkt zusammenfallen. In diese Stelle muß der Kristall gesetzt werden; das erleichtert das Justieren sehr. Die Feststellung des Zentrums erfolgt ein für allemal unter dem Mikroskop, die erforderliche Höhe des Kristalls über der Plattform *a* wird mit Hilfe einer Schablone festgesetzt. Die Glasnadel, an der der Kristall sitzt, wird nicht direkt am Goniometerkopf befestigt, sondern in einem zylindrischen Halter (*c*), der dann in die Vertiefung des Goniometerkopfes in der nötigen Höhe gesetzt und angeschraubt werden kann. Dieser Kristallhalter erleichtert das Justieren von Kristallen orthogonaler Systeme erheblich, wenn man mit seiner Hilfe die größeren, gut ausgebildeten Flächen des Kristalls parallel zur Schlitten- oder Bogenverschiebung des Kopfes stellt. Das Präparat läßt sich im Halter sehr gut mit Plastilin befestigen; sollen aber Aufnahmen bei höheren Temperaturen (bis 70° C) angefertigt werden, so eignet sich hierzu Picein oder Schellack.

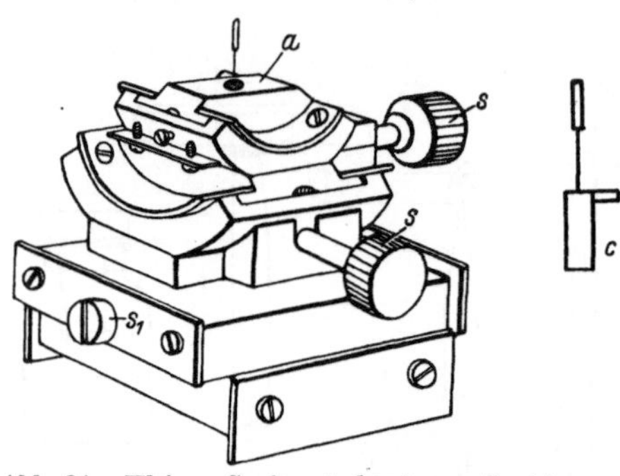

Abb. 24. Kleiner Goniometerkopf zum Zentrieren und Justieren der Drehkristalle.

In Ermangelung eines Goniometerkopfes kann zur Justierung auch ein einfacher Präparathalter mit Schlittenverschiebung und Kugelgelenk (Abb. 7) dienen, an dem ein dünner weicher Draht, zu einem Bügel gebogen, befestigt ist. An das andere Ende des Drahtes wird der Kristall direkt oder unter Zwischenschaltung einer Glasnadel geklebt. Zur Justierung muß in diesem Fall eine viel größere Mühe verwandt werden. Sehr schwierig und zeitraubend ist es aber, gute Justierungen nur mit Hilfe eines Drahtes zu erzielen. Bei Präzisionsmessungen ist es deshalb ratsam, entweder mit Goniometerköpfen oder im schlimmsten Fall mit Präparathaltern, mit Kreuzschlittenverschiebung versehen, zu arbeiten.

Das Justieren und Zentrieren der Kriställchen läßt sich am besten unter einem Reflexgoniometer oder aber unter einem Goniometermikroskop durchführen, als das jedes Mikroskop dienen kann, an dem sich ein Vertikalilluminator anbringen läßt[1]. Sehr gut eignen sich hierzu Metallmikroskope[2]. Auch kann im durchgehenden Licht ohne Vertikalilluminator gut gearbeitet werden. Das Justieren erfolgt nun am besten

[1] Straumanis, M.: Z. techn. Physik **1931**, 576.
[2] Z. B. der Firma *C. Reichert*, Wien.

auf einem besonderen Gestell, in das der Kameradeckel mit Goniometerkopf und Präparat gesetzt und an den Tisch des Mikroskops geschraubt werden kann. Zuerst wird der Kristall mit Hilfe der Bogenschrauben parallel zur Drehachse gestellt, wobei sich die Güte dieser Einstellung an den reflektierenden Flächen des Kristalls prüfen läßt. Dann wird mit Hilfe der Parallelverschiebung zentriert (s_1, Abb. 24). Bei gut reflektierenden, nadelartigen, 1—2 mm langen (und längeren), 0,1—0,2 mm dicken Kriställchen bereitet das keine Schwierigkeiten. Diese treten aber sofort auf, sobald gut reflektierende Flächen fehlen oder wenn in senkrechter Richtung zur Nadelachse Aufnahmen hergestellt werden müssen. Können keine kurzen Kristalle gefunden werden, so bleibt nichts anderes übrig, als diese von einem Ende kürzer zu schneiden, senkrecht zur Glasnadel anzukleben und das deformierte Ende, falls der Kristall nicht brüchig ist, mit einer dickeren Schicht Schellack zu bedecken. Über die Güte der Zentrierung kann man sich nur durch nachträgliche Probeaufnahmen überzeugen. Eine Belichtungszeit von einigen Stunden genügt hierzu vollständig. Der Kristall ist richtig justiert, wenn 1. der Äquator nicht aufgespalten ist, da alle Interferenzen auf einer geraden Linie liegen müssen, und 2. wenn die letzten Interferenzen, aus denen die Präzisionswerte berechnet werden, genau senkrecht zum Äquator liegen (oder punktförmig sind). Wie der Äquator eines gut und schlecht justierten Kristalls aussieht, zeigt die Abb. 25. Die Aufspaltung des Äquators rührt von schlechter Justierung her. Man stellt den Kameradeckel mit dem Präparat von neuem unters Mikroskop und dreht etwas an der Schraube. Die Richtung und Stelle wird am Bogen, auf dem eine Teilung graviert sein muß, notiert und von neuem eine Aufnahme angefertigt. Hat sich die Aufspaltung vermindert, so dreht man dieselbe Schraube noch etwas in derselben Richtung usw. Dieser Weg ist mühsam, doch führen Rechnungen nicht schneller zum Ziel. Die schiefen Stellungen der

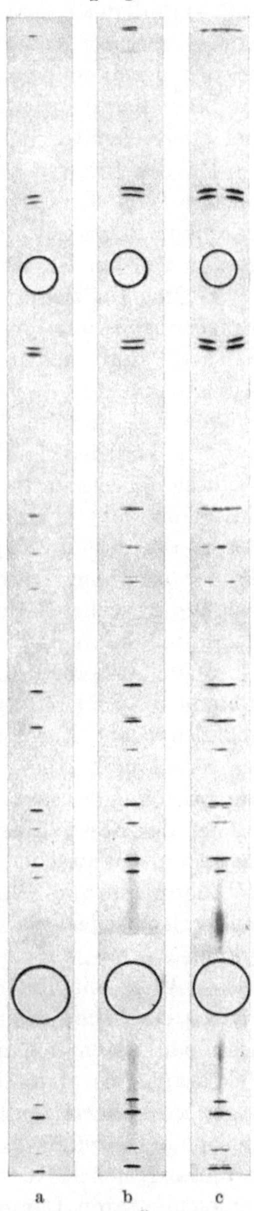

Abb. 25. Der Äquator von Drehkristallaufnahmen. a und b gut justierter Kristall. c schlecht justierter Kristall.

letzten Interferenzstreifen rühren daher, daß der Röntgenstrahl nur das eine Ende des Kristalls trifft. Mit Hilfe der Höhenschraube (Abb. 3 und 4) muß der Kristall so in die Blende gestellt werden, daß der Kristall von allen Seiten vom Strahl umspült wird oder durch den ganzen Querschnitt der Blende geht. Erst dann, wenn der Kristall einen tadellosen Äquator liefert, werden die eigentlichen Aufnahmen im Thermostaten bei ausreichender Belichtung angestellt.

Da die Interferenzen schon auf einer Linie liegen, so ist das Vermessen von Drehkristallaufnahmen leichter als das von Pulveraufnahmen. Sonst gilt alles, was über das Vermessen der Pulverdiagramme gesagt worden ist, auch für den Äquator der Drehkristallfilme.

e) Das Indizieren der Filme mit Hilfe des reziproken Gitters. Zur Präzisionsbestimmung der Gitterkonstanten nach der asymmetrischen Methode sind auch hier nur einige letzte Interferenzen nötig. Vor der Ausführung der Rechnungen müssen diese deshalb bekannt sein. Da es sich hier nur um die Kenntnis der letzten Linien handelt, so kann auf die Indizierung des ganzen Films verzichtet werden. Die Feststellung der letzten Indizes ist jedoch im Falle größerer Gitterkonstanten durchaus nicht so einfach und eindeutig. Die entsprechenden Methoden sollen hier deshalb eingehend betrachtet werden. Ebenso wie schon bei Pulveraufnahmen beschrieben, müssen die letzten Interferenzen unter möglichst große Glanzwinkel fallen. Durch Auswahl der geeigneten Strahlung kann das erreicht werden.

Beide Aufgaben, d. h. die Wahl der Strahlung und die Indizierung, können nun bei Drehkristallaufnahmen auf folgende Weise am bequemsten gelöst werden. Zur Probeaufnahme wählt man eine kürzere Strahlung, am zweckmäßigsten die des Kupfers. Dann fertigt man, falls es sich um orthogonale Systeme handelt, Drehaufnahmen um die Hauptrichtungen des Kristalls an. Aus den Abständen der Schichtlinien bestimmt man die entsprechenden Identitätsperioden (Formel (35)]. Es läßt sich dann auf zwei Wegen weiterarbeiten: die Indizes werden entweder rechnerisch oder graphisch bestimmt. Als sehr bequem hat sich der graphische Weg erwiesen, und zwar mit Hilfe des reziproken Gitters. Dieser Weg soll hier deshalb näher beschrieben werden.

Die Definition des reziproken Gitters und alle Ableitungen mit Hilfe desselben lassen sich wohl am kürzesten und umfassendsten durch die Vektoranalysis darstellen[1]. Um jedoch allen diesen Darstellungen folgen zu können, muß die Vektorrechnung geläufig sein. Indessen sind hier, beim Gebrauch des reziproken Gitters zu Indizierungszwecken, keine so umfangreichen Kenntnisse notwendig, man kann sich vollständig mit der elementaren Darstellung des reziproken Gitters begnügen.

[1] Hierzu: Ewald, P. P.: Z. Physik. **14**, 465 (1913) — Z. Kristallogr. **56**, 129 (1921); **93**, 396 (1936). — Handb. d. Experimentalphysik **XXIII/2**, 260.

In der Abb. 26 ist ein Schnitt senkrecht zur Längsachse der DEBYE-Kamera gezeichnet, wobei auch der Strahlengang nach Reflexion an einer Fläche hkl zu sehen ist.

Die Konstruktion liefert unmittelbar, daß

$$\frac{x}{2} : r = \sin\vartheta \quad \text{oder} \quad \frac{x}{2r} = \sin\vartheta \quad \text{ist.} \tag{36}$$

Andererseits ist aber nach der Formel von BRAGG

$$\frac{n\lambda}{2d} = \sin\vartheta .$$

Hieraus findet man

$$\frac{x}{2r} = \frac{n\lambda}{2d} \quad \text{und} \quad x = \frac{n\lambda r}{d} . \tag{37}$$

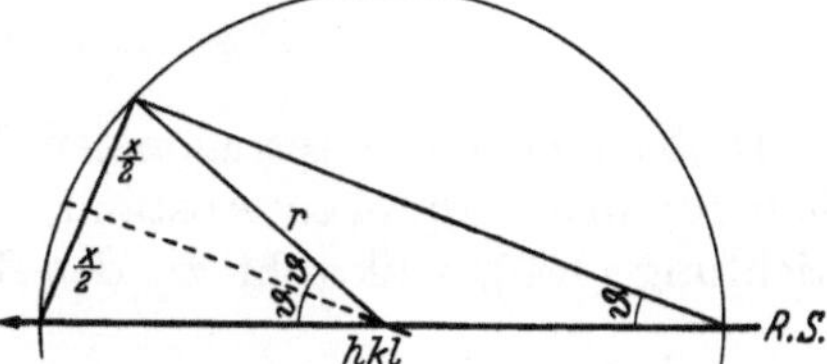

Abb. 26. Ableitung der reziproken Abstände x.

Das besagt nun nichts anderes, als daß die Länge der Sehne x, die man vom Ausgangspunkt des Röntgenstrahles in der DEBYE-Kamera bis zum entsprechenden Interferenzfleck (oder der DEBYE-Linie) auf dem Äquator ziehen kann, *proportional ist dem rezopriken Abstande d zwischen den Flächen, von denen die Interferenz stammt.* Bezeichnet man den reziproken Abstand zwischen zwei gleichnamigen Flächen mit $1/d = d^*$ und beachtet, daß $r\lambda$ immer eine Konstante k ist, falls mit derselben Strahlung und in derselben Kamera gearbeitet wird, so erhält man eine sehr einfache Formel, aus der alle reziproken Abstände zwischen den reflektierenden gleichnamigen Flächen eines Kristalls berechnet werden können:

$$x = nkd^*. \tag{38}$$

Ist $n = 1$, so kommt dem Abstande x die Einheitsgröße in gebrauchtem Maßstabe zu und kann mit d_z^* bezeichnet werden (reziproker Einheitsabstand auf der Zeichnung):

$$d_z^* = kd^*. \tag{39}$$

Da nun meistens nicht d^*, sondern die reziproken Gitterkonstanten ($a^* = 1/a$; $b^* = 1/b$ und $c^* = 1/c$) eines Kristalls, dessen Drehdiagramm indiziert werden soll, bekannt sind, so läßt sich aus (37) und (38) die entsprechende Formel ableiten, und zwar durch Ersetzen von d^* durch die bekannten Ausdrücke:

$$d^* = \sqrt{\frac{h^2 + k^2 + l^2}{a^2}} \quad \text{fürs kubische,}$$

$$d^* = \sqrt{\frac{h^2 + k^2}{a^2} + \frac{l^2}{c^2}} \quad \text{fürs tetragonale,}$$

$$d^* = \sqrt{\left(\frac{h}{a}\right)^2 + \left(\frac{k}{b}\right)^2 + \left(\frac{l}{c}\right)^2} \quad \text{fürs rhombische,}$$

$$d^* = \sqrt{\frac{4}{3}\left(\frac{h^2+k^2+hk}{a^2}\right)+\frac{l^2}{c^2}} \text{ fürs hexagonale,}$$

$$d^* = \sqrt{\frac{1}{3}\left(\frac{h}{a}\right)^2+\left(\frac{k}{a}\right)^2+\left(\frac{l}{c}\right)^2} \text{ fürs orthohexagonale System.}$$

Für Kristalle des tetragonalen Systems z. B. lassen sich die reziproken Abstände a_z^* und c_z^* und deren Vielfache, was durch die Ordnung n zum Ausdruck kommt, durch folgende Formel berechnen:

$$x = n\lambda r d^*; \quad x = n\lambda r\sqrt{\frac{h^2+k^2}{a^2}+\frac{l^2}{c^2}}. \tag{40}$$

Dreht man einen tetragonalen Kristall um die c-Achse, so erhält man für den reziproken Abstand zwischen den (100)-Flächen, also in Richtung [100], senkrecht zu den Prismenflächen, die Formel:

$$x_{[100]} = x_{[010]} = \frac{n\lambda r}{a}, \tag{41}$$

da l und entweder h oder k gleich Null sind. Ist $n = 1$, so kann man schreiben:

$$x_{[100]} = x_{[010]} = \frac{k}{a} = \frac{k}{b} = a_z^* = b_z^*.$$

Die Abstände a_z^* und deren Vielfache stellen die ξ-Achse, die von b_z^* die ζ-Achse des reziproken Systems dar. Der Winkel zwischen den Achsen, wie schon bei tetragonalen Kristallen, beträgt 90°.

Die reziproken Abstände senkrecht zu den (110)-, (120)- u. a. Flächen berechnet man dagegen nach (40) zu:

$$x_{[110]} = \frac{n\lambda r}{a}\sqrt{2}; \quad x_{[120]} = \frac{n\lambda r}{a}\sqrt{5} \quad \text{usw.}$$

Wird der Kristall um die a- oder b-Achse gedreht, so geht (40) über in:

$$x_{[001]} = \frac{n\lambda r}{c}; \quad \text{ist} \quad n = 1 \quad \text{so ist} \quad c_z^* = \frac{k}{c}. \tag{42}$$

Man erhält also hier die dritte reziproke Koordinate η, die zu den ersten zwei senkrecht steht. Jeder andere reziproke Abstand im räumlichen tetragonalen Gitter wird dagegen durch die volle Formel (40) dargestellt.

Die Zusammenstellung aller möglichen reziproken Abstände im Raume samt deren Vielfachen, von einem Punkte aus beginnend, in Abhängigkeit von der Richtung im Kristall ergibt ein regelmäßiges Punktsystem, das mit dem Ausdruck „reziprokes Gitter“ bezeichnet wird. Der Abstand eines jeden Punkts vom Zentrum dieses Systems stellt nun nichts anderes dar als den Abstand (die Sehne), den man durch Verbindung des Ausgangspunktes des Röntgenstrahles in der Debye-Kamera mit der entsprechenden Interferenz auf dem Äquator des Filmzylinders erhält. Wie ersichtlich, stellt das „reziproke Gitter“ bloß eine geometrische Konstruktion dar, deren physikalischer Sinn nicht so leicht zu erfassen ist, die aber sehr wertvolle Dienste leisten kann.

Röntgenaufnahmen von Kristallen liefern somit direkt auf dem Film die Abbildung des reziproken Gitters des untersuchten Kristalls, jedoch ist das erhaltene Gitter auf dem ausgebreiteten Film mehr oder minder verzerrt, da die Abstände der Interferenzpunkte mit steigender Ordnung immer mehr zunehmen. Die Aufgabe liegt nun darin, dieses verzerrte Gitter zu entzerren und zum regelmäßigen reziproken Gitter zu gelangen. Am wenigsten verzerrte reziproke Gitter liefern LAUE-, dann Drehkristallaufnahmen in der Nähe des Primärstrahles, besonders wenn mit kurzwelligen Strahlungen gearbeitet wird. Eine jede Schichtlinie enthält alle Interferenzen des entsprechenden Schnittes durch das räumliche reziproke Gitter, die Schichtlinie kann somit auf einer Fläche entzerrt und dargestellt werden. Dagegen muß eine DEBYE-SCHERRER-Aufnahme als einem räumlichen reziproken Gitter entsprechend aufgefaßt werden.

Die räumliche Ausdehnung des reziproken Gitters ist beschränkt, wie sich das leicht aus der Konstruktion der Abstände x der Abb. 26 ersehen läßt: x kann nämlich niemals größer werden als $2r$. *Der Halbmesser des räumlichen reziproken Gitters überschreitet somit nicht* $2r$. Als Begrenzung des reziproken Gitters erhält man also eine Kugel, die auch als „Ausbreitungskugel"[1] (limiting sphere[2]) bezeichnet wird.

Für die Präzisionsbestimmung der Gitterkonstanten eignen sich natürlich nur die Interferenzen, die möglichst nahe an die Oberfläche der Ausbreitungskugel zu liegen kommen. Fällt ein Interferenzpunkt direkt auf die Oberfläche, so läßt sich die Gitterkonstante am einfachsten und genauesten nach der BRAGGschen Formel oder nach (37) berechnen, da jetzt $x = 2r$ wird:

$$d = \frac{n\lambda}{2}. \tag{43}$$

Dieser Fall läßt sich nun praktisch nicht verwirklichen, eben weil dann der reflektierte Strahl mit dem Primärstrahl zusammenfallen müßte. Es bleibt deshalb nichts anderes übrig, als die dem Eintrittspunkt des Röntgenstrahles auf den Äquator am nächsten liegenden Interferenzen zu vermessen. (43) muß dann durch $\sin\vartheta$ geteilt werden; $\sin\vartheta$ läßt sich aber um so genauer bestimmen, je größer ϑ ist. Deshalb müssen für den zu untersuchenden Stoff die dem Eintrittspunkt des Röntgenstrahles nächstliegenden Interferenzen indiziert werden. Vielfach liegen in der Nähe dieses Punktes Interferenzen auf höheren Schichtlinien, doch können diese zur Präzisionsbestimmung nicht gebraucht werden, da durch Vermessung des Schichtlinienabstandes ein

[1] Literatur bei E. SCHIEBOLD: Z. Physik **28**, 355 (1924).

[2] BERNAL, J. D.: Proc. roy. Soc. A. **113**, 117 (1927).

großer Fehler in die Bestimmung hineingebracht wird. Zu günstig auf dem Äquator liegenden Interferenzen kann man aber fast immer durch Wahl der entsprechenden Strahlung gelangen. Wie man hier am schnellsten zum Ziel kommt, soll weiter unten an einigen Beispielen erläutert werden.

Beispiel 1. Die Gitterkonstanten sind bekannt: Aus dem Abstande der Schichtlinien eines tetragonal kristallisierenden Stoffes wurden die Konstanten $a = b = 4{,}25$ und $c = 6{,}30$ Å gefunden. Es wird nach der günstigsten Strahlung und den entsprechenden letzten Indizes gesucht, um Präzisionsbestimmungen der Gitterkonstanten durchzuführen.

Am einfachsten und genauesten kann a aus der höchsten Ordnung von 100 nach (43) bestimmt werden, wenn der Glanzwinkel größer als 80° ausfällt (φ kleiner als 10°). Die höchste Ordnung berechnet sich zu:

$$n = \frac{2a}{\lambda}, \qquad n = \frac{2 \cdot 4{,}25}{1{,}537} = 5{,}54 \quad (\mathrm{Cu}_{\alpha_1}\text{-Strahlung}).$$

Auch für den Fall, daß 500 vorhanden wäre, läßt sich diese Interferenz zur Erzielung höchster Genauigkeit nicht ausnutzen; da φ zu groß ist (n darf nur wenig größer als eine ganze Zahl sein). Viel besser geeignet ist schon die CuK_β-Strahlung, die aber schwach ist, oder die NiK_α-Strahlung:

$$n = \frac{2 \cdot 4{,}25}{1{,}389} = 6{,}12\ (\mathrm{Cu}K_\beta) \quad \text{oder} \quad n = \frac{2 \cdot 4{,}25}{1{,}654} = 5{,}14\ (\mathrm{Ni}K_\alpha).$$

Wie man sich leicht überzeugen kann, sind die übrigen Strahlungen viel ungünstiger.

Kommt von den Prismenflächen kein Reflex genügend nahe an die Oberfläche der Ausbreitungskugel heran, so muß man sich der übrigen Reflexpunkte bedienen. Zur Auffindung der Interferenzen, aus denen a oder b berechnet werden kann, schlägt man am besten den graphischen Weg ein: Man zeichnet einen Schnitt senkrecht zur η-Achse des reziproken Gitters, indem man zweckmäßig den Radius der Schichtlinienkamera (den der Reflexionskugel, sphere of reflection) bei Benutzung von Cu-Strahlung zu 10 cm wählt; der Radius der Ausbreitungskugel ist dann 20 cm.

Die reziproken Abstände a_z^* und b_z^* auf den ξ- und ζ-Achsen berechnen sich unter diesen Umständen zu:

$$x_{[100]} = x_{[010]} = a_z^* = b_z^* = \frac{1{,}537 \cdot 10^{-8} \cdot 10}{4{,}25 \cdot 10^{-8}} = 3.615\ \mathrm{cm}.$$

Auf den positiven Abschnitten der ξ- und ζ-Achsen werden die Abstände $= 3{,}615$ cm und deren Vielfache aufgetragen und durch den Radius $2r = 20$ cm abgegrenzt. Durch die Punkte 1, 2, 3, 4 ... (Abb. 27) zieht man dann Parallele zu den Koordinaten und beziffert die erhaltenen Kreuzpunkte der Geraden, wie das aus der Figur verständlich wird. Ein jeder Punkt dieses reziproken Gitters stellt den Kreuzungspunkt dreier Geraden dar, von denen die dritte, die η-Achse, senkrecht zur Zeichenfläche steht und mit Null bezeichnet wird. Die Abstände von den Kreuzpunkten bis zum Anfangspunkt des reziproken Gitters entsprechen den Sehnen x in der Reflexionskugel und repräsentieren somit die Inter-

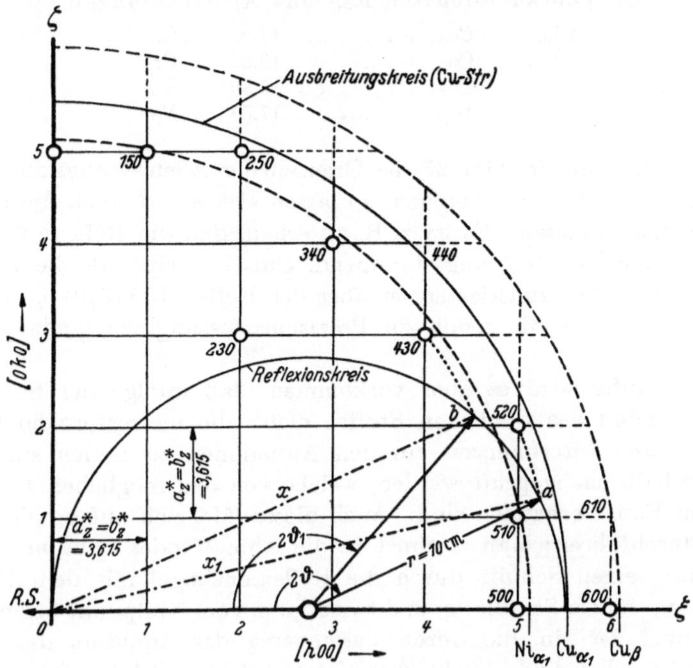

Abb. 27. Schnitt durch das reziproke Gitter senkrecht zur η-Achse. $l = 0$.

ferenzpunkte, deren Indizes direkt von der graphischen Darstellung abgelesen werden können.

Die letzten Interferenzen der Reihe nach sind: 520, 510, 430, 500 usw. 430 und 500 überdecken sich dabei fast (am stärksten verbreitetste Linie!). Für die Präzisionsmessung eignet sich somit nur 520 (Cu-Strahlung), aber auch hier ist der Winkel φ etwas zu groß. Hier liegt somit der Fall vor, wo keine Interferenz genügend nahe zur Oberfläche der Ausbreitungskugel kommt. Es muß also eine andere Strahlung gewählt werden.

Wird die Größe der reziproken Gitterzelle beibehalten, so ändert sich der Radius der Ausbreitungskugel:

$$a_z^* = \frac{\lambda \cdot r}{a}; \quad a_z^* = \frac{\lambda_1 \cdot r_1}{a} \quad \text{und} \quad r_1 = \frac{\lambda}{\lambda_1} \cdot r. \tag{44}$$

Je größer die Wellenlänge der neuen Strahlung, um so kürzer der Radius $2r_1$ der entsprechenden Ausbreitungskugel. Wird $2r$ zu 20 cm bei Cu-Strahlung festgesetzt, so lassen sich die Halbmesser der Ausbreitungskugeln für die übrigen, am häufigsten gebrauchten Strahlungen aus folgender Tabelle entnehmen.

Tabelle 11. Größe des Halbmessers der Ausbreitungskugeln in cm für die gebräuchlichsten K_{α_1}- und K_β-Strahlungen.

Cu_{α_1}	20,0	Co_{α_1}	17,22	Cr_{α_1}	13,45
Cu_β	22,14	Co_β	19,05	Cr_β	14,78
Ni_{α_1}	18,59	Fe_{α_1}	15,89	V_{α_1}	12,31
Ni_β	20,56	Fe_β	17,53	V_β	13,48

Zieht man in die Abb. 27 die Grenzen der Ausbreitungskugeln für die entsprechenden Strahlungen, so lassen sich sofort auch die letzten Interferenzen ablesen. Es ist z. B. zu sehen, daß die Reflexe 610 und 600, von der Cu_β-Strahlung stammend, günstiger sind als die von der α-Strahlung. Am günstigsten ist aber der Reflex 150 (510) ($\varphi = 7{,}4°$) der Ni_α-Strahlung, die somit zur Präzisionsmessung verwandt werden kann.

Sehr häufig wird es aber vorkommen, daß infolge der Strukturbesonderheiten des fraglichen Stoffes nicht alle im reziproken Gitter verzeichneten Interferenzen auf den Aufnahmen zu finden sind. Es muß deshalb nachgeprüft werden, welche von den möglichen Reflexen auf dem Film vorhanden sind. Auch dieses läßt sich auf graphischem Wege durchführen: Man zeichnet in die Abb. 27 oder links neben die Abbildung einen Schnitt durch die Reflexionskugel mit dem Radius $r = 10$ cm (für Cu-Strahlung) und trägt dann, vom Nullpunkt beginnend, die Winkel 2ϑ ein, die durch Vermessung des Äquators des Films erhalten worden sind. Zieht man jetzt mit den Sehnen $0a$, $0b$ ... Kreise, so müssen diese *notwendig auf die Kreuzpunkte des reziproken Gitters* stoßen. Zur ungefähren Abschätzung der Winkel 2ϑ aus den Punkten des reziproken Gitters, ohne die eben erwähnte Konstruktion durchzuführen, kann man sich der Tabelle 12 bedienen, in der, vom Schnittkreise der Ausbreitungskugel gerechnet, für Millimeter die Winkel ϑ und φ angegeben sind.

So ist z. B. der radiale Abstand der Interferenz 520 (Cu_α-Strahlung) vom Schnittkreis $\sim$4,8 mm, was nach der Tabelle einem Winkel φ von etwa 12,75° entspricht. Für die Interferenz 150 (Ni_α-Strahlung) erhält man dagegen einen solchen von etwa 7,4°, weshalb letztere Strahlung für die Messungen viel geeigneter ist.

Ganz dieselben Überlegungen müssen wiederholt werden, um die Indizes für einen um eine andere Richtung gedrehten Kristall zu bestimmen. Zur Feststellung der Konstante c muß der Kristall um die a-Achse oder um die vollständig gleichwertige, von dieser nicht zu unterscheidenden b-Achse gedreht werden. Die reziproken Abschnitte auf der η-Achse lassen sich dann zu

$$x_{[001]} = c_z^* = \frac{1{,}537 \cdot 10^{-8} \cdot 10}{6{,}30} = 2{,}436 \text{ cm}$$

berechnen. Auf die ξ-Achse wird dagegen der früher erhaltene Wert $a_z^* = b_z^* = 3{,}615$ cm aufgetragen. Der Schnitt durch das auf die schon

Tabelle 12.
Winkel ϑ und φ in Grad für Millimeter, vom Schnittkreis der Ausbreitungskugel aus (Radius = 20 cm) gerechnet. Cu-Strahlung.

Abstand mm	$\vartheta°$	$\varphi°$	Abstand mm	$\vartheta°$	$\varphi°$
0,6	87,5	2,5	7,0	74,75	15,25
1,1	84,05	5,95	7,8	73,9	16,1
1,4	83,2	6,8	8,6	73,1	16,9
1,8	82,35	7,65	9,5	72,25	17,75
2,2	81,5	8,5	10,4	71,4	18,6
2,6	80,6	9,4	11,4	70,6	19,4
3,1	79,8	10,2	12,4	69,7	20,3
3,6	79,0	11,0	13,4	68,95	21,05
4,2	78,1	11,9	14,5	68,0	22,0
4,8	72,25	12,75	15,6	67,2	22,8
5,5	76,5	13,5	16,8	66,4	23,6
6,2	75,6	14,4	18,0	65,4	24,4

beschriebene Weise erhaltene reziproke Gitter (Abb. 28) zeigt, daß die Interferenzen 008 und besonders 108 für die Präzisionsbestimmung geeignet sind ($\vartheta \cong 78$ und 84°). Auch 503 kann verwendet werden.

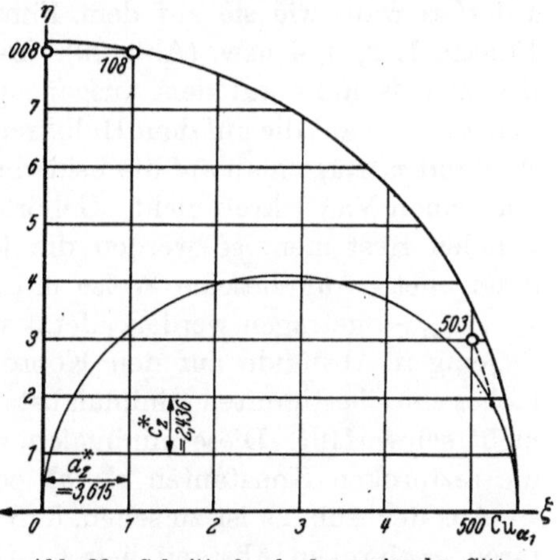

Abb. 28. Schnitt durch das reziproke Gitter senkrecht zur ζ-Achse. $k = 0$.

In vielen Fällen erhält man günstig gelegene Interferenzen mit kleinem l (z. B. 1201). Diese sind zur Feststellung der c-Konstante ungeeignet, weil die mit solchen Interferenzen berechneten Konstanten stark schwanken. Man muß sich deshalb bemühen, mit Strahlungen zu arbeiten, durch die der Index der fraglichen Richtung möglichst hoch ausfällt, wie z. B. oben, wo zur genauen Berechnung von c 008 oder 108 benutzt werden können.

Beispiel 2. Die Gitterkonstanten sind unbekannt. Zu den vermessenen Interferenzen des Äquators sind die Indizes zu bestimmen. Der Kristall wurde senkrecht zur

Nadelachse gedreht. Die ϑ-Werte sind die folgenden, wobei die Reflexe, von der Cu_β-Strahlung stammend, nach Möglichkeit ausgesondert wurden:

Nr. der Interferenz	1	2	3	4	5	6	7	8
2ϑ in Grad	16,32	20,9	22,68	32,30	32,83	40,59	41,68	44,76
Nr. der Interferenz	9	10	11	12	13	14	15	16
2ϑ in Grad	46,41	49,74	53,75	62,57	64,46	67,90	75,15	78,43
Nr. der Interferenz	17	18	19	20	21	22	23	24
2ϑ in Grad	81,42	88,74	91,22	102,36	103,65	109,33	113,30	125,94
Nr. der Interferenz	25	26	27	28	29	30		
2ϑ in Grad	126,43	127,13	129,42	134,29	154,0	159,37		

Um hier die Aufgabe zu lösen, bedarf man der Glanzwinkel einer größeren Zahl vermessener Interferenzen. Es handelt sich also um die Indizierung eines Films mit unbekannten Gitterkonstanten. Wie das mit Hilfe des reziproken Gitters durchzuführen ist, hat schon BERNAL eingehend beschrieben, wobei die Betrachtungen auf sämtliche Kristallsysteme ausgedehnt worden sind[1]. In Anlehnung an die hier gegebene Darstellung soll aber die Lösung der Aufgabe gegeben werden.

Man trägt zuerst die Winkel 2ϑ in den Reflexionskreis (Schnitt durch die Reflexionskugel) ($r = 10$ cm) ein und markiert so die Stellen der Interferenzen, wie sie auf dem Filme nacheinander folgen, durch die Punkte 1, 2, 3, 4 usw. (Abb. 29). Dann stellt man den einen Schenkel des Zirkels links auf den Ausgangspunkt des Röntgenstrahles O und den anderen auf die auf dem Halbkreise nächstliegende Interferenz. Den Abstand x_1 trägt man auf die beiden reziproken Koordinaten auf, indem man einen Viertelkreis zieht. Gehört der betreffende Kristall zu orthogonalen Systemen, so werden die Koordinaten senkrecht zueinander gezeichnet. Auf dieselbe Weise müssen alle übrigen Abstände x_2, x_3, $x_4 \ldots x_{30}$ aufgetragen werden. Jetzt versucht man mit Hilfe des Zirkels diejenigen Abstände auf den Koordinaten festzustellen, die ein Vielfaches eines bestimmten Minimalabstandes darstellen, was im allgemeinen nicht schwerfällt. Diese minimalen, sich wiederholenden Abstände sind die reziproken Konstanten a_z^*, b_z^* oder c_z^*.

Aus der Abb. 29 ist zu sehen, daß der Reflex 1 einen solchen elementaren, reziproken Abstand liefert. Die Vielfachen dieses Reflexes (die höheren Ordnungen) fallen dann auf die Kreise 5, 10, 14, 18, 23 und 29. Die Schnittpunkte mit einer der Koordinaten (hier mit der Abszisse)

[1] BERNAL, J. D.: Proc. roy. Soc. A. **113**, 117 (1927).

werden durch Ringe markiert. Bei weiterer Durchmusterung liefert das gewählte Beispiel noch einen größeren Abstand 0—2 (x_2), dessen Vielfache die Punkte 7, 13, 19 und 24 darstellen, die man dann auf die Ordinate aufträgt. Im Schnitt senkrecht zur Drehrichtung liegen somit im Kristall zwei verschiedene Identitätsabstände. Zur Kontrolle der Richtigkeit der graphisch gefundenen Abstände können die Intensitäten der Reflexe hinzugezogen werden. Im hier gewählten Beispiel fallen

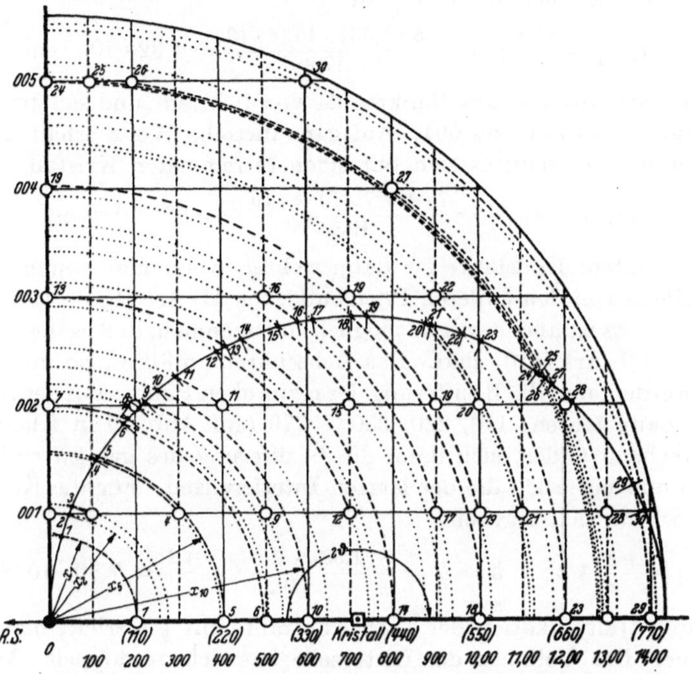

Abb. 29. Auffinden der letzten Interferenzen des Äquators bei unbekannten Gitterkonstanten.

alle Interferenzen, die auf die Abszisse aufgetragen sind und die zu den Seitenflächen (Prismenflächen) des Kristalls gehören, mittel bis sehr stark aus, während die auf der Ordinate nur schwach bis mittel erscheinen und von den Endflächen des prismatischen Kristalls stammen. Der Kristall gehört somit entweder zum tetragonalen oder zum rhombischen System.

Man zieht jetzt durch die gefundenen Punkte zu den Koordinaten parallel verlaufende Linien und liest vom Diagramm ab, welche Kreise durch die Kreuzpunkte gehen: der Index des getroffenen Kreuzpunktes gehört dann dem fraglichen Reflex an. Auch die letzten Interferenzen lassen sich auf diese Weise ablesen, wie schon im vorigen Beispiel beschrieben. Das Diagramm ist richtig konstruiert, wenn, monochromatische Strahlung vorausgesetzt, alle Kreisbögen auf den reziproken Gitterpunkten liegen. Liegen keine Bestimmungen der Konstanten aus den Messungen von Schichtlinienabständen vor, was wohl kaum vorkommen wird, so kann man die Bezifferung der Interferenzpunkte auf den reziproken Achsen auf verschiedene Weise vornehmen. Werden jene fortlaufend beziffert, so kommt man zu folgenden ungefähren Konstanten für den untersuchten Kristall: Die c-Konstante in Richtung [001] berechnet sich nach (42) zu:

$$x_{[001]} = \frac{n\lambda r}{c}; \quad c = \frac{5 \cdot 1{,}537 \cdot 10^{-8} \cdot 10}{17{,}8} = 4{,}32 \cdot 10^{-8}\,\text{cm}.$$

17,8 ist der Abstand des Punktes 24 von 0 in cm und entspricht der 5. Ordnung des Reflexes 001. Auf ganz dieselbe Weise erhält man aus (41) für $a = b$, wenn es sich um einen tetragonalen Kristall handelt:

$$x_{[100]} = x_{[010]} = \frac{7 \cdot 1{,}537 \cdot 10^{-8} \cdot 10}{19{,}5} = 5{,}52 \cdot 10^{-8}\,\text{cm}.$$

Die letztere Konstante ist dann richtig, wenn man annimmt, daß die Reflexe von den äußeren Prismenflächen II. Art (100) des Kristalls stammen. Es ist aber sehr gut möglich anzunehmen, daß es die Prismenflächen in I. Art (110) sind. Das Achsenkreuz müßte also um 45° gedreht werden, und die Bezifferung der reziproken Punkte auf der Abszisse müßte dann lauten: 110, 220, 330 ... 770 (auf Abb. 29 in Klammern). Entsprechend ändert sich dann die Bezifferung des ganzen reziproken Gitters und natürlich die der letzten Interferenzen. Für die Konstante $a = b$ würde sich ergeben:

$$x_{[110]} = \frac{n\lambda r}{a}\sqrt{2}; \quad a = b = \frac{7 \cdot 1{,}537 \cdot 10^{-8} \cdot 10\sqrt{2}}{19{,}5} = 7{,}80 \cdot 10^{-8}\,\text{cm}.$$

Durch Multiplikation der alten Konstante mit $\sqrt{2}$ erhält man somit die neue. Das Volumen der Gitterzelle hat sich verdoppelt. Welcher Konstanten der Vorzug zu geben ist, müssen zusätzliche Aufnahmen entscheiden. Ist das nicht möglich, so ist der kleineren der Vorzug zu geben. Vorbedingung bleibt aber, daß alle Interferenzen auf den reziproken Gitterpunkten liegen. Betrachtet man aber die Abb. 29 genauer, so sieht man, daß die Kreise 28, 27, 25, 22, 21, 17, 15 usw., die schwachen Interferenzen entsprechen, *nicht* auf reziproke Gitterpunkte treffen, den Abstand a_z^* aber in entsprechenden Stellen *halbieren*. Man hat hier somit mit einem Übergitter zu tun, da eine Reihe von Interferenzen vorhanden sind, die mit der Konstanten 5,52 *nicht indiziert* werden können. Das ist aber möglich bei der *Verdoppelung* der Gitterkonstante. In der Abb. 29 sind gestrichelte Linien eingezeichnet, die den früheren reziproken Abstand halbieren und parallel zur Ordinate laufen[1]. Auf den

[1] Es kann vorkommen, daß die reziproken Abstände noch weiter geteilt werden müssen, um alle vorhandenen Interferenzen zu deuten.

Kreuzpunkten liegen jetzt sämtliche Interferenzen, und die Abszisse hat wieder die Richtung [100], aber mit den Punkten 1, 2, 3 ... 14. Aus der 14. Ordnung läßt sich beispielsweise die neue Gitterkonstante zu ungefähr

$$x_{[100]} = \frac{14 \cdot 1{,}538 \cdot 10^{-8} \cdot 10}{19{,}5} = 11{,}04\,\text{Å}$$

berechnen. Diesen Wert würde man natürlich auch aus dem Abstande der Schichtlinien im Falle eines tetragonalen Kristalls erhalten.

Aus dem Diagramm lassen sich nunmehr auch die letzten Interferenzen ablesen; es sind dies 605 (Punkt 30), 14 00 (29), 13 01 (28), 13 00 oder 804 (27), 205 (26), 105 (25) usw. Wie ersichtlich, können aus der Aufnahme beide Konstanten mit hoher Präzision berechnet werden: c aus 605 und a aus 14 00. Die übrigen Interferenzen liegen schon zu weit und liefern ungenauere Resultate: 13 01 ist zur Bestimmung von c unbrauchbar.

Das geschilderte Verfahren scheint langwierig zu sein. In Wirklichkeit ist es aber einfach und liefert eine gute Übersicht über die möglichen und vorhandenen Interferenzen. Zudem ist meistens schon eine der Konstanten aus Drehaufnahmen bekannt, so daß sich dieser Fall für die eine Koordinate auf das Beispiel 1 zurückführen läßt und den ganzen Indizierungsgang wesentlich erleichtert. Das Verfahren ist jedenfalls übersichtlicher und weniger zeitraubend als die rein rechnerische Indizierung.

Bei Stoffen mit größeren Gitterkonstanten (über 10 Å) kommt es aber häufig vor, daß sich eine Reihe von Reflexen überdecken, wie das die Kreise 19 und 27 der Abb. 29 zeigen. Und zwar geschieht das um so häufiger, je größer die Gitterkonstanten sind und je niedriger die Symmetrie ist. Die Reflexe 10 01, 902, 703 und 004 liegen z. B. so nahe nebeneinander, daß auf dem Film nur ein breiterer Punkt festzustellen sein müßte. Häufig findet man aber doch scharfe Interferenzen, obgleich aus dem reziproken Gitter eine Überlagerung oder dichtes Nebeneinanderfallen von mehreren Reflexen zu erwarten wäre. Offenbar erfolgt die Beugung in letztem Fall nur von einer der möglichen Netzebenen, und man steht jetzt vor der Aufgabe, diese zu finden. In manchen Fällen lassen sich etliche Reflexe als der Struktur des Stoffes nicht entsprechend verwerfen, so daß nur ein wahrscheinlichster Wert übrigbleibt, aus dem dann der Präzisionswert der Gitterkonstante berechnet werden kann. Ist der Gesamtkomplex der Indizes bekannt, so kann aus dem systematischen Fehlen von Reflexen geschlossen werden, welche von den möglichen letzten Indizes möglich sind und welche nicht. Besteht keine Aussicht, auf diesem Wege zum Ziel zu kommen, so muß zu präzisen Rechnungen gegriffen werden, da zu diesem Zweck die graphische Methode zu ungenau ist. Es werden hierzu mehrere genau vermessene letzte Linien (fünf genügen schon meistens vollständig), von denen man einigen mehrere Indizes zuordnen kann, verwandt: die Konstanten werden mit allen Indizes einer jeden Linie berechnet und dann die erhaltenen Resultate untereinander verglichen. Diejenigen Indizes sind die richtigen, die am besten übereinstimmende Konstanten liefern. Ist der untersuchte Kristall dünn genug gewesen, so können hier keine Störungen infolge von Absorption (Verminderung der Gitterkonstante mit fallendem ϑ) auftreten.

Bei noch größeren und niedriger symmetrischen Gittern sind die Interferenzen schon so zahlreich, daß eine Indizierung der Drehaufnahmen sogar mit Hilfe des reziproken Gitters sehr schwierig oder ganz unmöglich wird. Steht keine langwellige Strahlung und keine Vakuumkamera zur Verfügung, so ist die Indizierung noch mit Hilfe des Röntgengoniometers möglich. Auf die Beschreibung dieses Instrumentes muß hier verzichtet werden. da dies schon außerhalb des Rahmens dieses Buches fällt. Das Röntgengoniometer liefert weniger verzerrte Aufnahmen des reziproken Gitters als die übrigen Aufnahmemethoden. Die Hauptsache ist aber, daß aus einer „Goniometeraufnahme“ das reziproke Gitter Punkt für Punkt genau und eindeutig konstruiert werden kann. Hierzu existieren eine Menge von graphischen Verfahren, von denen das erste von SCHNEIDER entwickelt worden ist[1]. Da nun die Konstruktion des Gitters nach dieser Methode, besonders bei einer großen Zahl von Interferenzen, mühsam und zeitraubend ist, so wurde nach bequemeren Methoden gesucht. Viel schneller läßt sich schon nach dem Verfahren von WOOSTER arbeiten[2], noch besser und geschwinder ist das von BUERGER[3].

In Anlehnung an die hier gegebene Darstellung des reziproken Gitters und an die eben erwähnten Verfahren soll hier die Konstruktion des Gitters aus Aufnahmen, erhalten mit Hilfe des WEISSENBERG-BÖHM-Goniometers[4] der Konstruktion H. SEEMANN, näher beschrieben werden, da gerade dieses Instrument sich am besten zur Bestimmung der letzten auftretenden Interferenzen eignet.

Auf der Abb. 30 ist ein Teil einer WEISSENBERG-BÖHM-Aufnahme reproduziert, welche eine Menge von Interferenzpunkten enthält, die zu einem regelmäßigen reziproken Gitter geordnet werden sollen. Eine WEISSENBERG-Aufnahme hat schon eine gewisse äußere Ähnlichkeit mit dem reziproken Gitter, was besonders bei Äquatoraufnahmen (nullte

---

[1] SCHNEIDER, W.: Z. Kristallogr. **69**, 41 (1928).

[2] WOOSTER, W. A., u. N. WOOSTER: Z. Kristallogr. **84**, 327 (1933).

[3] BUERGER, M. J.: Z. Kristallogr. **88**, 356 (1934); s. auch L. J. B. LA COSTE: Rev. Sc. Inst. **3**, 356 (1932). — CROWFOOT, D.: Z. Kristallogr. **90**, 215 (1935). — LACHLAN, D. M.: Rev. Sc. Inst. **7**, 301 (1936).

[4] BÖHM, J.: Z. Physik **39**, 557 (1926).

Schichtlinie) auffällt: alle Interferenzen, die von einer Netzebenenart stammen, liegen auf geraden Linien, ebenso wie im reziproken Gitter, nur sind dort die Abstände zwischen den Interferenzpunkten nicht gleich. Auf der Abb. 30 sieht man z. B. eine Gerade, die sämtliche Ordnungen der Reflexe der Netzebene (100) enthält: 100, 200, 300, 400 ... (auch die von der β-Strahlung herrührenden Reflexe liegen auf derselben Geraden). Die Gerade ist zur Mittellinie des Diagramms um einen ganz bestimmten Winkel ν, der eine Apparatkonstante darstellt, geneigt. Diese Neigung kommt dadurch zustande, daß mit der Rotation des Kristalls um eine seiner Achsen eine gleichzeitige Parallelverschiebung

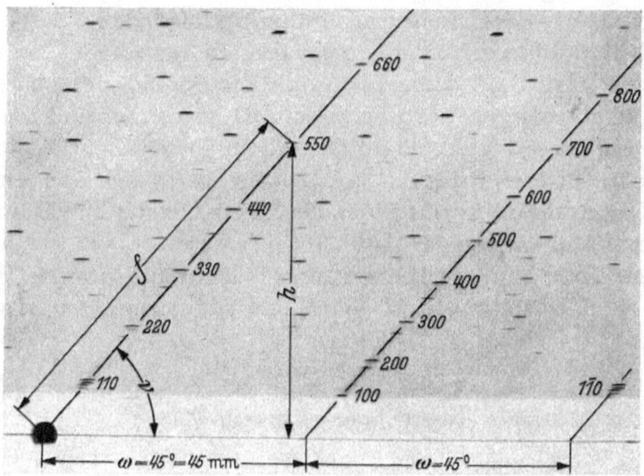

Abb. 30. Teilbild einer Aufnahme nach WEISSENBERG-BÖHM.

des Filmzylinders in Richtung der Rotationsachse des Kristalls gekoppelt ist. Der Film verschiebt sich dabei um 1 mm, wenn sich der Kristall um 1° dreht. Da die höheren Ordnungen erst bei immer größer werdenden Glanzwinkeln erscheinen, der Film sich dabei verschiebt, so resultiert eine geneigte Gerade, auf der die Reflexe liegen. Hat sich der Kristall um 90° von der Reflexionsstellung der Fläche (110) fortgedreht, so erscheint der Anfang einer neuen Geraden, auf der die Reflexe der Flächen (1$\bar{1}$0) liegen, falls der Kristall z. B. zum tetragonalen System gehört. Zwischen diesen beiden 90° voneinander entfernten reziproken Achsen liegen alle anderen möglichen Reflexe des Kristalls. Der Rotationswinkel ω wird somit auf dem Diagramm in geradliniger Fortbewegung in mm dargestellt und kann auf der Mittellinie abgelesen werden, wenn man die Schnittpunkte der geneigten Geraden mit der Mittellinie dazu benutzt. Auch ein jeder anderer Punkt auf dem Diagramm kann auf diese Weise abgelesen werden, man braucht durch diesen nur eine Gerade unter dem Winkel ν zu ziehen. So befindet sich die Interferenz 110 45 mm von 100 entfernt, d. h. die Fläche (110) bildet mit (100) oder (010) einen Winkel von 45°. Der Abstand x (aus 2ϑ) läßt sich dagegen aus dem gemessenen Abstande f von der Mittellinie bis zum Interferenzpunkt, dem Winkel ν und dem Durchmesser des Filmzylinders berechnen. Hieraus folgt, das zur Konstruktion des regelmäßigen reziproken Gitters aus einer WEISSENBERG-BÖHM-Aufnahme am besten die Polarkoordinaten zu verwenden sind (WOOSTER). Das Auftragen der Winkelkoordinate bereitet hierbei keine Schwierigkeiten, da diese direkt aus dem Diagramm, von einem willkürlichen Punkte links ausgehend, abgelesen werden kann. Dagegen ist die Bestimmung von x — der zweiten Koordinate eines jeden Punktes — mit Rechenarbeit verbunden. Diese möglichst zu reduzieren, ist nun das Ziel verschiedener Bestrebungen. Ganz läßt sie sich vermeiden, wenn man ein für allemal ein „reziprokes Lineal" berechnet und konstruiert und dann mit dessen Hilfe die im Diagramm gemessenen Punkte direkt ins reziproke Gitter einträgt. Als einfacher hat es sich dabei erwiesen, auf dem Diagramm nicht die Abstände f, sondern die kürzesten bis zur Mittellinie (h) zu messen (s. Abb. 30).

Die Berechnung des reziproken Lineals kann auf folgende Weise erfolgen: Aus Formel (36) S. 73 folgt, daß die reziproken Abstände x gleich sind:

$$x = 2r\sin\vartheta\,.$$

Aus dem Abstande h berechnet sich nun ϑ,

$$\vartheta = \frac{h}{2}\cdot\frac{360}{\pi D},$$

wenn D der Durchmesser des Filmzylinders des Röntgengoniometers ist. Eingesetzt erhält man:

$$x = 2r\sin\frac{360\,h}{\pi D\,2}\,. \tag{45}$$

Die reziproke Koordinate x für einen jeden Interferenzpunkt kann somit nach (45) bestimmt werden. Da nun h im Diagramm in mm gemessen wird, so kann man x für jeden mm von h berechnen und ebenfalls in mm ausdrücken.

Für ein Röntgengoniometer der Bauart SEEMANN, Freiburg i. Br., sind die Werte für x (nach gemessenem h) in mm nach der Formel

$$x = 200\sin(0{,}8405\cdot h) \tag{46}$$

berechnet und in der Tabelle 13 zusammengestellt. In (46) ist r wie gewöhnlich 100 mm (Halbmesser des Reflexionskreises) und $D = 68{,}1$ mm.

Das reziproke Lineal selbst, dessen Abbildung in 31 zu sehen ist, wird nun auf folgende Weise hergestellt. Vom Nullpunkt des Lineals beginnend, werden die x-Werte in mm aufgetragen, jedoch mit h (in mm) bezeichnet. Z. B.: der Abstand x von 0 bis 14,6 wird bei 14,6 mit 5 bezeichnet, bei 17,6 mm mit 6, bei 20,6 mit 7 usw. Auch die entsprechenden Glanzwinkel ϑ sind auf dem Lineal etwas niedriger abzulesen. Auf den Aufnahmen lassen sich aus Konstruktionsgründen des Goniometers keine größeren h als 83 mm, entsprechend einem ϑ von 69,7°, ablesen. Aufs Lineal können aber noch einige weitere Teilungen aufgetragen werden, die zur ungefähren Glanzwinkelbestimmung der letzten Interferenzen dienen könnten. Das Lineal wird aus einem maßbeständigen durchsichtigen Stoff hergestellt, die Teilungen und Zahlen werden am besten auf die untere Seite graviert.

Mit dem Loch 0 auf der linken Seite wird das Lineal auf einen gut passenden Stift, der in einem Zeichenbrett befestigt ist, gesteckt und stellt so das Hilfsmittel dar, das die eine Koordinate x aufzutragen erlaubt. Die Winkelkoordinate ω wird dagegen direkt auf der Winkelteilung, die auf einen Streifen Papier gezeichnet und auf dasselbe Brett geklebt ist, abgelesen (Abb. 32). Die Winkelteilung verläuft im Sinne des Uhrzeigers. Der Strich oben auf dem Lineal (Abb. 31) dient zum Auflegen auf die entsprechende Winkelteilung, das Loch zum Einzeichnen des Schnittkreises der Ausbreitungskugel $2r = 20$ cm (Cu_α-Strahlung); die weiteren Löcher dienen zum Zeichnen der Ausbreitungskreise für Fe-, Cr- und andere längere Strahlungen, wenn die Aufnahme mit einer kürzeren, der Cu-Strahlung, gemacht worden ist.

Zum Ablesen der Punkte der Goniometeraufnahme dient nun zweckmäßig eine Einrichtung nach Buerger. Auf eine eingerahmte Glasplatte wird ein Lineal mit Millimeterteilung so gestellt, daß die Millimeter gerade auf der Mittellinie der Goniometeraufnahme von einem willkürlich gewählten Nullpunkte (von links) abgelesen werden können. Das Lineal wird zusammen mit dem Film festgeschraubt, so daß während des Ablesens keine Verschiebung möglich ist (Abb. 33). Auf diesem Lineal werden direkt die Winkelkoordinaten ω abgelesen, so daß 1 mm auf dem Film gleich ist einem Drehgrad des Kristalls. Die Höhen h — von der Mittellinie bis zum

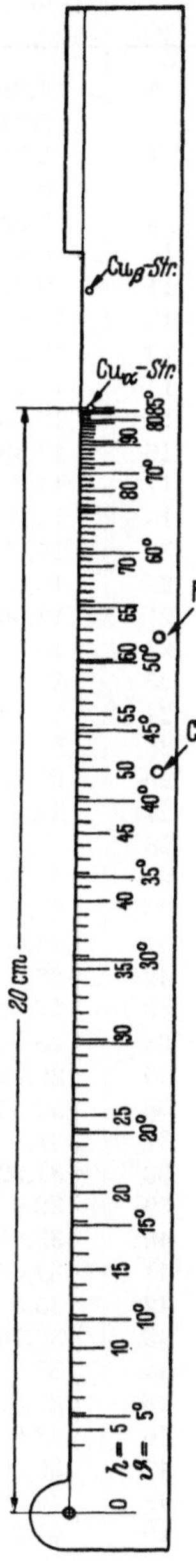

Abb. 31. Das reziproke Lineal zur Konstruktion reziproker Gitter aus Weissenberg-Böhm-Aufnahmen.

Tabelle 13. Werte für x in mm zur Konstruktion eines reziproken Lineals, das zum Zeichnen von reziproken Gittern nach Aufnahmen des Äquators im WEISSENBERG-BÖHM-Röntgengoniometer (Konstruktion von H. SEEMANN) verwandt werden kann.

h mm	ϑ°	x mm	Δ mm	h mm	ϑ°	x mm	Δ mm
5	4,21	14,6		50	42,0	134,0	2,2
6	5,04	17,6	3,0	51	42,8	136,1	2,1
7	5,88	20,6	3,0	52	43,7	138,2	2,1
8	6,75	23,5	2,9	53	44,55	140,3	2,1
9	7,56	26,4	2,9	54	45,4	142,4	2,1
10	8,41	29,3	2,9	55	46,2	144,4	2,0
11	9,25	32,2	2,9	56	47,1	146,4	2,0
12	10,01	35,1	2,9	57	47,9	148,4	2,0
13	10,92	38,0	2,9	58	48,75	150,3	1,9
14	11,77	40,9	2,9	59	49,6	152,2	1,9
15	12,60	43,8	2,9	60	50,45	154,1	1,9
16	13,45	46,6	2,8	61	51,25	155,9	1,8
17	14,3	49,4	2,8	62	52,15	157,7	1,8
18	15,2	52,2	2,8	63	52,95	159,5	1,8
19	15,98	55,0	2,8	64	53,8	161,3	1,8
20	16,81	57,8	2,8	65	54,6	163,0	1,7
21	17,65	60,6	2,8	66	55,5	164,7	1,7
22	18,50	63,4	2,8	67	56,3	166,3	1,6
23	19,34	66,2	2,8	68	57,15	167,9	1,6
24	20,18	69,0	2,8	69	58,0	169,5	1,6
25	21,0	71,7	2,7	70	58,8	171,0	1,5
26	21,86	74,4	2,7	71	59,65	172,5	1,5
27	22,7	77,1	2,7	72	60,5	174,0	1,5
28	23,53	79,8	2,7	73	61,4	175,5	1,5
29	24,38	82,5	2,7	74	62,2	176,9	1,4
30	25,21	85,2	2,7	75	63,0	178,2	1,3
31	26,05	87,8	2,6	76	63,8	179,5	1,3
32	26,9	90,4	2,6	77	64,7	180,8	1,3
33	27,72	93,0	2,6	78	65,6	182,0	1,2
34	28,58	95,6	2,6	79	66,4	183,2	1,2
35	29,41	98,2	2,6	80	67,2	184,4	1,2
36	30,25	100,8	2,6	81	68,0	185,5	1,1
37	31,1	103,4	2,6	82	68,95	186,6	1,1
38	31,92	105,9	2,5	83	69,7	187,6	1,0
39	32,8	108,4	2,5	84	70,6	188,6	1,0
40	33,61	110,8	2,4	85	71,4	189,6	1,0
41	34,45	113,2	2,4	86	72,25	190,5	0,9
42	35,3	115,6	2,4	87	73,1	191,4	0,9
43	36,15	118,0	2,4	88	73,9	192,2	0,8
44	37,0	120,4	2,4	89	74,75	193,0	0,8
45	37,82	122,7	2,3	90	75,6	193,8	0,8
46	38,68	124,9	2,3	91	76,5	194,5	0,7
47	39,50	127,2	2,3	92	77,25	195,2	0,7
48	40,35	129,5	2,3	93	78,1	195,8	0,6
49	41,2	131,8	2,3	94	79,0	196,4	0,6

Tabelle 13 (Fortsetzung).

h mm	$\vartheta°$	x mm	Δ mm	h mm	$\vartheta°$	x mm	Δ mm
95	79,8	196,9	0,5	101		199,2	0,3
96	80,6	197,4	0,5	102	87,5	199,4	0,2
97	81,5	197,8	0,4	103		199,6	0,2
98	82,35	198,2	0,4	104	87,3	199,8	0,2
99	83,2	198,6	0,4	105	88,17	199,9	0,1
100	84,05	198,9	0,3				

Interferenzpunkt — werden mit Hilfe eines durchsichtigen Dreiecks bestimmt, das auf dem Film parallel zum Lineal gleiten kann. Auf dem Dreieck ist eine schwarze Linie unter dem Winkel ν graviert, der die Apparatkonstante darstellt und für Goniometer der SEEMANNschen Konstruktion $\sim 50°$ beträgt (Abb. 34). Außerdem sind auf dem Dreieck Millimeterteilungen angebracht, die die schräge Linie kreuzen. Der ganze Rahmen wird unter einem größeren Winkel zu der Platte des Arbeitstisches gestellt, und das Ablesen der Koordinaten der Interferenzpunkte kann beginnen: Man stellt das Dreieck auf das Lineal und verschiebt es so, daß die schwarze Linie durch einen Interferenzpunkt oder durch eine ganze Reihe von solchen Punkten geht.

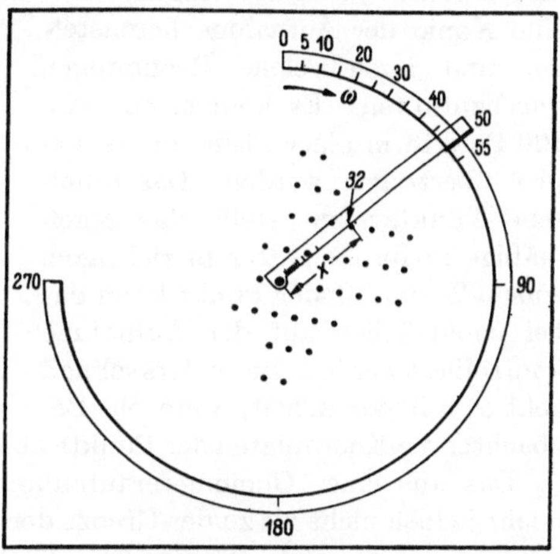

Abb. 32. Einrichtung zum Zeichnen von reziproken Gittern. Polarkoordinatensystem.

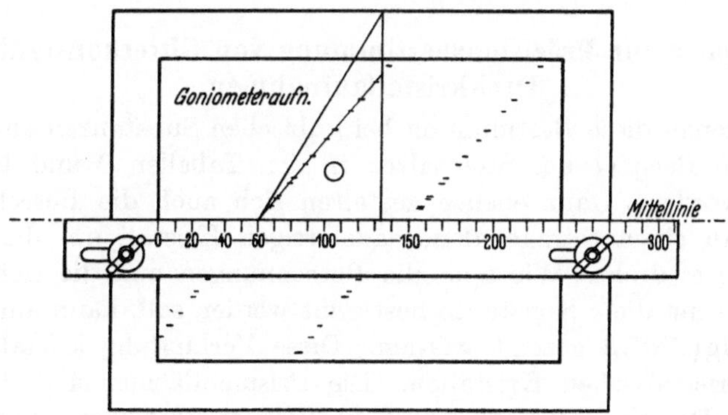

Abb. 33. Rahmen zum Ablesen der Polarkoordinaten der reziproken Gitterpunkte.

Links am Fuß des Dreiecks wird auf dem Lineal der Winkel abgelesen (Abb. 33). Die Höhe h eines jeden Punktes über der Mittellinie wird dann an der Millimeterteilung, die die Neigungslinie kreuzt, bestimmt. Aus der Abb. 34 ist z. B. zu sehen, daß der Punkt P die Koordinaten $\omega = 50{,}0$ und $h = 32{,}0$ mm besitzt. Die Stellung des Punktes wird jetzt mit Hilfe der Einrichtung der Abb. 32 auf einem Papier, das sich unter dem reziproken Lineal befindet, markiert, indem man das Lineal auf $\omega = 50°$ der Kreisteilung stellt und den Punkt bei 32,0 mm zeichnet. Auf diese Weise werden alle Reflexpunkte der Aufnahme direkt vom Original aufs Papier als reziprokes Gitter übertragen, ohne daß es nötig wäre, eine Kopie der Aufnahme herzustellen und irgendwelche Rechnungen durchzuführen. Es können so etwa 100 Punkte in einer Stunde aufs Papier übertragen werden. Das erhaltene Punktsystem stellt das regelmäßige reziproke Gitter in richtigem Ausmaße dar. Jeder Punkt kann dabei nachträglich auf der Aufnahme kontrolliert werden. Besonders schnell geht es mit der Arbeit, wenn ein Beobachter die Koordinaten der Punkte abliest, der andere sie aber einträgt.

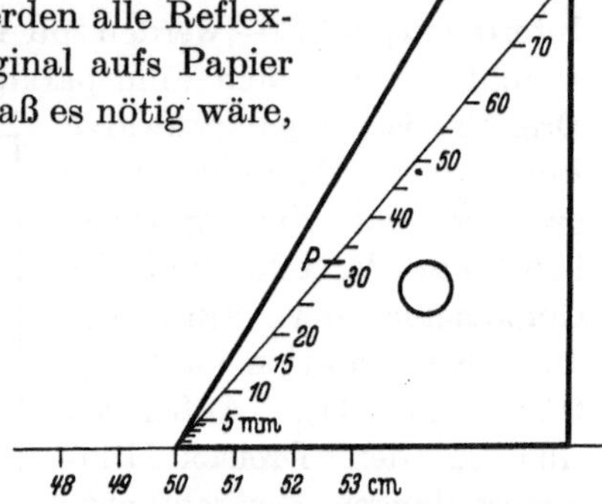

Abb. 34. Dreieck zum Ablesen von $h(2\vartheta)$ auf dem Lineal der Abb. 33. Die Koordinaten der Interferenz P können leicht abgelesen werden.

Das aus einer Goniometeraufnahme konstruierte reziproke Gitter reicht jedoch nicht bis zu der Grenze der Ausbreitungskugel (20 cm $= 2r$), sondern nur bis etwa 187 mm ($\vartheta = 69°$). Es ist aber leicht, auf Grund der schon eingetragenen Interferenzen das Gitter bis zu der Grenze der Ausbreitungskugel fortzusetzen und die letzten Indizes auf die schon beschriebene Weise abzulesen. Auch die Winkel ϑ lassen sich an Hand der Tabelle 13 ungefähr bestimmen.

3. Beispiele zur Präzisionsbestimmung von Gitterkonstanten aus Drehkristallaufnahmen.

Wie genau diese Bestimmung bei kubischen Substanzen ausfällt, ist schon am Beispiel des Steinsalzes in den Tabellen 9 und 10 (S. 63) gezeigt worden. Ganz ebenso gestalten sich auch die Berechnungen, wenn man einen tetragonalen, nadelartigen Kristall um die c-Achse (Nadelachse) dreht. Wie aber die Berechnungen und die Genauigkeit ausfällt, wenn die c-Konstante bestimmt werden soll, kann am Beispiel des $Cd[Hg(CNS)_4]$ gezeigt werden. Diese Verbindung kristallisiert in kurzen prismatischen Kristallen. Die Prismenflächen sind die (110)-Flächen. Der Kristall kann somit zur Bestimmung von c nur um die

Richtung [110] gedreht werden, da bei der Wahl einer anderen Richtung erhebliche Justierungsschwierigkeiten auftreten. Die Länge des Kristalls in Richtung von c betrug etwa 0,5 mm. Die Konstante a konnte aus dem Äquator der Drehaufnahmen um die c-Achse genau berechnet werden.

Beispiel 1. Drehkristallaufnahmen um [110] mit Cu-Strahlung lieferten die Interferenz 774 unter dem Winkel $\varphi_{\alpha_1} = 9{,}615^g$ und $\varphi_{\alpha_2} = 8{,}528^g$; $a = 11{,}4410$ Å; zu bestimmen ist c (Film Nr. 1052).

Aus der Formel (23) für tetragonale Kristalle erhält man durch Einsetzen obiger Werte unmittelbar:

$$c_{\alpha_1} = \frac{1{,}53739 \cdot 11{,}4410 \cdot 4}{\sqrt{4 \cdot 11{,}441^2 \cdot \cos^2 9{,}615 - 1{,}3739^2 \cdot 49 \cdot 2}} = 4{,}2039 \text{ Å}.$$

Aus α_2 erhält man dagegen $c = 4{,}2042$ Å. In Anbetracht dessen, daß l eine kleine Zahl ist, ist das Resultat doch als sehr befriedigend anzusehen, da die Abweichung vom Mittelwert kleiner als $\pm 0{,}0002$ Å ausfällt. Die höchste Präzision kann in solchen Fällen nicht erreicht werden. Die nächstliegende Interferenz 992 auf demselben Film ist noch ungünstiger, da sie unter einen noch größeren Winkel $\varphi \cong 23{,}5^g$ fällt. Die erhaltenen Konstanten 4,2016 und 4,1957 schwanken deshalb viel stärker und sind infolge der sich schon bemerkbar machenden Absorption niedriger.

Am genauesten und einfachsten läßt sich c aus solchen, jedoch ziemlich seltenen Interferenzen berechnen, wo h und k gleich Null sind. In diesem Fall geht die Formel für tetragonale Kristalle in solche für kubische über.

Ganz ähnlich gestaltet sich auch die Berechnung der Konstanten rhombischer und hexagonaler Kristalle. Viel schwieriger ist aber die Rechnung, wenn der betreffende Kristall zur rhomboedrischen Unterteilung gehört. Ein solcher Fall ist im Beispiel 2 eingehend betrachtet.

Beispiel 2. Es sind die Konstanten α und a eines isländischen Kalkspates aus Drehaufnahmen zu bestimmen. Der Film 1260 (Ni-Strahlung, $t = 25{,}09°$ C) lieferte vier letzte Interferenzen unter folgenden Winkeln:

hkl	φ_{α_1}	hkl	φ_{α_1}
$8\bar{4}0$	$11{,}550^g$	640	$8{,}064^g$
800	9,723	$6\bar{6}0$	5,122

Unter Kombination aller vier Interferenzen gelingt es, sechs Werte für den rhomboedrischen Winkel α und vier für die Konstante a zu erhalten. Zur ersteren Berechnung wird die Formel (32) S. 58 benutzt. Als Beispiel soll die Berechnung von a aus 640 und $6\bar{6}0$ gegeben werden. Durch Einsetzen in (32) erhält man

$$\cos^2\alpha\{1{,}49705^2\cos^2 5{,}122\,(6^2+4^2-2\cdot 6\cdot 4)+$$
$$-1{,}65450^2\cos^2 8{,}064\,[6^2+(-6)^2-2\cdot 6\cdot(-6)]\}+$$
$$+2\cos\alpha\,[1{,}49705^2\cdot 4\cdot 6\cdot\cos^2 5{,}122-1{,}65450^2\cdot 6\cdot(-6)\cos^2 8{,}064]+$$
$$+1{,}65450^2\,[6^2+(-6)^2]\cos^2 8{,}064-1{,}49705^2\,(6^2+4^2)\cos^2 5{,}122=0\,.$$

$$94{,}746046\cos^2\alpha-75{,}206598\cos\alpha-19{,}539448=0\,.$$

$$\cos\alpha'=-0{,}206230;\qquad \alpha=113{,}2239^{g}$$

(Mittelwert aus allen Linien $113{,}2251^{g}$) $\cos\alpha''=1$; $\alpha=0$ (unmöglich).

Setzt man jetzt den erhaltenen rhomboedrischen Winkel α in die Formel (31) ein, so kann z. B. aus der Interferenz $6\bar{6}0$ a berechnet werden:

$$a=\frac{1{,}65450}{2}\,\frac{\sqrt{(6^2+6^2)\sin^2 113{,}2251+2\cdot 6\cdot(-6)\,(\cos^2 113{,}2251-\cos 113{,}2251)}}{\cos 5{,}122\sqrt{1-3\cos^2 113{,}2251+2\cos^3 113{,}2251}}$$
$$=6{,}41203\ \text{Å}\,.$$

4. Anwendungsmöglichkeiten der asymmetrischen Methode.

Da es mit Hilfe der Methode möglich ist, sehr kleine Unterschiede in der Größe der Gitterkonstanten festzustellen, so können mit deren Hilfe noch folgende Untersuchungen durchgeführt werden: die Bestimmung von Ausdehnungskoeffizienten, von Deformationen, die Feststellung von Löslichkeiten und Löslichkeitsgrenzen nicht nur in metallischen, sondern auch in Salzsystemen, die Ersetzbarkeit von Ionen, Molekülen, Radikalen in Verbindungen durch andere ähnlich gebaute Ionen (Isotope) usw. Auch zur Durchführung der Phasenanalyse kann die Methode mehr leisten als andere. Zuletzt könnte ihr auch in der Frage der Röntgenwellenlänge eine gewisse Bedeutung zukommen.

a) Die Bestimmung von Ausdehnungskoeffizienten. Wenn auch die Methode nicht die Präzision erreichen kann wie z. B. die Interferenzmethode nach Fizeau-Abbe-Pulfrich, so kann sie doch in den Fällen angewandt werden, wo alle anderen versagen: nämlich im Falle nichtkubischer, feinkristalliner Stoffe. Auch dann, wenn die Substanzen nicht erhitzt werden dürfen, können die Koeffizienten nach vorliegender Methode bestimmt werden, eben weil dies schon im Intervall von einigen 10 Graden mit ziemlicher Genauigkeit möglich ist. Weiter muß beachtet werden, daß zur Bestimmung nur minimalste Mengen des Stoffes nötig sind, sogar mit einigen 0,1 × 0,5 mm großen Kriställchen kann man sich im äußersten Falle begnügen. Zugleich wird dabei auch die Gitterkonstante mit höchster Präzision bestimmt. Als Nachteil ist der Umstand zu betrachten, daß zur Feststellung der Ausdehnungskoeffizienten nur Temperaturen bis etwa 70° C der Methode zugänglich sind.

Der Arbeitsgang ist einfach: man bestimmt die Gitterkonstanten $a_{t_1}, a_{t_2} \ldots$ im Röntgenthermostaten bei ganz definierten Temperaturen $t_1, t_2 \ldots$ und berechnet dann die Ausdehnungskoeffizienten α nach der Formel:

$$a_{t_2} = a_{t_1} + \alpha\, a_{t_1}(t_2 - t_1)\,.$$

$$\alpha = \frac{a_{t_2} - a_{t_1}}{a_{t_1}(t_2 - t_1)}\,. \tag{46}$$

Am besten werden die bei verschiedenen Temperaturen erhaltenen Konstanten untereinander kombiniert und aus den nach (46) berechneten Koeffizienten der Mittelwert gezogen. Als Beispiel sei hier die Feststellung der Ausdehnungskoeffizienten des tetragonalen β-Zinns längs beider Achsen angeführt. Bisher unterschieden sich die Angaben

Tabelle 14. Ausdehnungskoeffizienten des β-Sn „Kahlbaum" senkrecht und parallel zur c-Achse (zwischen 15 und 50° C).

Film Nr.	t °	a_t	$\alpha \cdot 10^6$	$\alpha \cdot 10^6$	Aus der Literatur
		Senkrecht zur c-Achse.			
746, 748, 753, 758—	26,55	5,81969			
768	14,67	5,81855	16,54	15,45	BRIDGMAN 1925
791—	45,60	5,82157			
746, 748, 753, 758	26,55	5,81969	16,93	25,7	SHINODA 1933
764, 765,	48,16	5,82181			
746, 748, 753, 758	26,55	5,81969	16,70	22,4	KOSSOLAPOW u. TRAPESNIKOW 1936
791—	45,60	5,82157			
768	14,67	5,81855	16,78		
756, 748, 753, 758—	26,55	5,81969			
792	13,97	5,81846	16,80	15,83	ERFLING 1939
791—	45,60	5,82157			
792	13,97	5,81846	16,90		
764, 765—	48,16	5,82181			
792	13,97	5,81846	16,82		
		Mittelwert	16,77		
		Parallel zur c-Achse.			
791	45,60	3,17705			
748, 758, 753	26,54	3,17505	33,05	30,50	BRIDGMAN
791—	45,60	3,17705			
768	14,67	3,17411	29,95	45,8	SHINODA
764, 765	48,16	3,17748			
768	14,67	3,17411	31,70	46,4	KOSSOLAPOW u. TRAPESNIKOW
791—	45,60	3,17706			
792	13,97	3,17365	33,87	28,99	ERFLING
		Mittelwert	32,24		

bis zu 60%. Die nach vorliegender Methode erhaltenen Koeffizienten waren aber sehr gut reproduzierbar, da ein größerer Fehler bei der Temperaturbestimmung ausgeschlossen ist. Für die Aufnahmen wurde feinstes Sn-Feilicht, aus Sn „Kahlbaum" hergestellt, benutzt. Zur Bestimmung der a- und c-Konstanten kamen bei Anwendung der Cu-K-Strahlung die günstig liegenden letzten Interferenzen 503 und 271 in Betracht. In der Tabelle 14 sind die Resultate der Messungen zusammengefaßt, wobei die bei einer Temperatur erhaltenen Konstanten mit denen bei anderen kombiniert wurden, was in der Tabelle durch die Nummer der Filme zum Ausdruck kommt.

Zur Bestimmung von Ausdehnungskoeffizienten können nicht nur Pulver-, sondern auch Drehkristallaufnahmen verwandt werden. In der Tabelle 15 sind die Resultate einer solchen Bestimmung am trigonalen Selen zusammengefaßt.

Tabelle 15. Ausdehnungskoeffizienten des trigonalen Selens („Kahlbaum"), senkrecht und parallel zur c-Achse.

Film Nr.	$t°$	a_t	$\alpha \cdot 10^6$
In Richtung der a-Achse ($\perp c$).			
1308, 1310—	40,00	4,35985	73,30
1306, 1307	20,10	4,35350	
1312, 1304—	60,10	4,36641	74,86
1308, 1310	40,00	4,35985	
1312, 1314—	60,10	4,36641	74,10
1306, 1307—	20,10	4,35350	
		Mittelwert	74,09
In Richtung der c-Achse ($\parallel c$).			
1317, 1318—	35,00	4,94805	−17,89
1315, 1316	15,00	4,94982	
1319, 1320—	55,00	4,94628	−17,89
1317, 1318	35,00	4,94805	
1319, 1320—	55,00	4,94628	−17,89
1315, 1316	15,00	4,94982	
		Mittelwert	−17,89

Die Ausdehnung $\perp c$ konnte mit Hilfe der Ni-Strahlung ($\varphi_{320\,\alpha} \cong 18{,}8^g$, $500_\beta \cong 7{,}7^g$) und die $\parallel c$ mit Cu-Strahlung ($\varphi_{305\,\alpha} \cong 9{,}6^g$) bestimmt werden. Obgleich die Lage und Intensität der Linien nicht besonders günstig war, konnten doch die Koeffizienten ziemlich genau bestimmt werden.

Die außerordentlich gute Übereinstimmung des Koeffizienten in Richtung der c-Achse, der negativ ausfällt, ist als Zufälligkeit zu betrachten. Bis jetzt ist dieser Koeffizient noch durch keine andere Methode festgestellt worden[1].

Die auf diese Weise bestimmte Ausdehnung von Kristallen stimmt mit der nach anderen Methoden festgestellten gut überein. Das konnte am NaCl, Al und neuerdings am Te gezeigt werden: Das NaCl lieferte im Bereich zwischen 15—70° C nach vorliegendem Verfahren den Koeffizienten $40{,}49 \cdot 10^{-6}$, das Al $23{,}29 \cdot 10^{-6}$ und das $\mathrm{Te}_{\perp c}$ $27{,}51 \cdot 10^{-6}$;

[1] Weitere Beispiele s. M. STRAUMANIS, A. IEVIŅŠ: Z. anorg. u. allg. Chem. **238**, 175 (1938).

die besten und neuesten Werte, nach anderen Methoden erhalten, sind aber: $40{,}5 \cdot 10^{-6}$ (EUCKEN und DANÖHL, 1934), $22{,}9 \cdot 10^{-6}$ bis $23{,}4 \cdot 10^{-6}$ (je nach Reinheit des Al) und $27{,}2 \cdot 10^{-6}$ (nach BRIDGMAN, 1925). Auch der von ERFLING nach der interferometrischen Methode gefundene Wert von $Sn_{|c}$ (Tabelle 14)[1] unterscheidet sich nicht besonders stark vom röntgenographischen. Die Differenz ist durch den kleinen Index l der Linien im letzten Fall zu erklären. Es sind deshalb die Einwände, die gegen das Verfahren der Bestimmung von Ausdehnungskoeffizienten auf röntgenographischem Wege erhoben worden sind, als unbegründet zu betrachten.

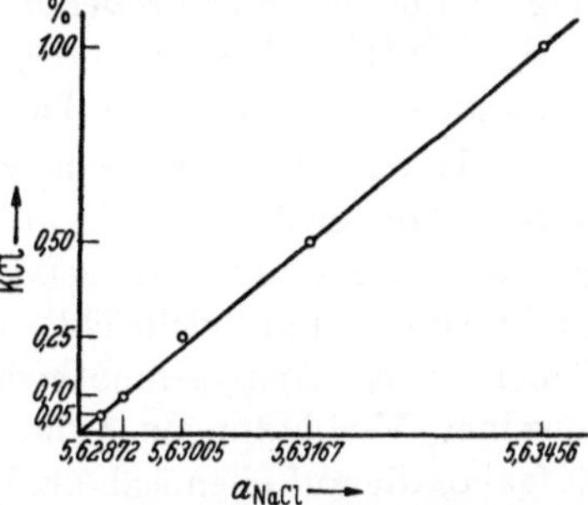

Abb. 35. Aufweitung der Gitterkonstante des NaCl durch KCl.

b) Feststellung von Löslichkeiten und Löslichkeitsgrenzen. Ob ein Element im anderen, ein Ion in einer Verbindung löslich ist oder ob Verbindungen untereinander löslich sind, läßt sich auf röntgenographischem Wege durch Aufweitung oder Kontraktion des Gitters der ursprünglichen Substanz feststellen. Zur Untersuchung kann dabei sowohl die Pulver- als auch die Drehkristallmethode angewandt werden. Im Falle der ziemlich großen Gitteränderungen ist es überhaupt nicht notwendig, in Thermostaten zu arbeiten, es genügt schon eine ziemlich konstante Zimmertemperatur. Als Beispiel der Verwendung von Pulveraufnahmen zu solchen Zwecken sei hier die Aufweitung des NaCl-Gitters durch KCl angeführt. Die Präparate wurden durch Zusammenschmelzen von reinstem NaCl mit 0,05, 0,1, 0,25, 0,5 und 1,00 Gew.-% KCl erhalten. Hier wurde allerdings in Thermostaten gearbeitet. Die Resultate sind graphisch in der Abb. 35 dargestellt. Diese zeigt, daß es überhaupt nicht schwierig ist, auf diese Weise 0,05% KCl und noch weniger im NaCl nachzuweisen.

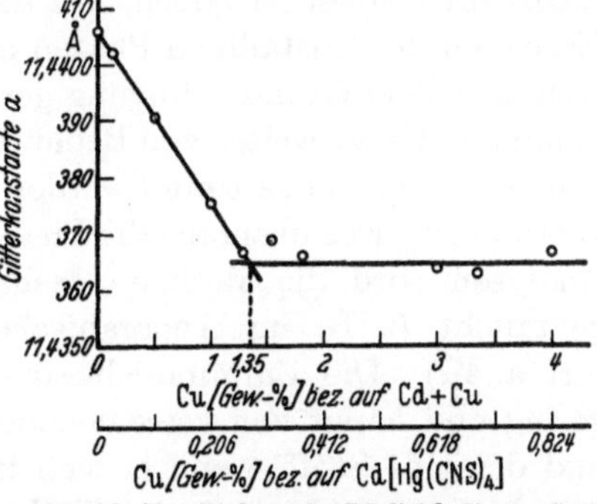

Abb. 36. Ermittelung der Löslichkeit von Cu˙˙ in $Cd[Hg(CNS)_4]$.

Als Beispiel einer Untersuchung, die mit einzelnen Kriställchen, also nach dem Drehkristallverfahren, durchgeführt wurde, sei hier die Ermittlung der Löslichkeit von Cu˙˙ im $Cd[Hg(CNS)_4]$ erwähnt[2]. Diese

[1] ERFLING, H. D.: Ann. Physik **34**, 136 (1939).
[2] STRAUMANIS, M.: Z. anorg. u. allg. Chem. **233**, 201 (1937).

farblose Verbindung nimmt bis zu einem gewissen Grade Cu-Ionen auf und färbt sich dabei violett. Durch Bestimmung der Gitterkonstanten einzelner Kriställchen, die durch langsame Kristallisation von Cu-haltigen Cd[Hg(CNS)$_4$]-Lösungen erhalten wurden, konnte das folgende Diagramm zusammengestellt werden (Abb. 36). Daraus ist ersichtlich, daß die Verbindung nicht mehr als 1,35 Gew.-% Cu aufzunehmen vermag, denn bei einer größeren Cu-Menge kristallisieren das mit Cu gesättigte Cd[Hg(CNS)$_4$] und das grüne Cu[Hg(CNS)$_4$] nebeneinander. Die Aufnahmen wurden ohne Thermostat durchgeführt.

c) Andere Anwendungsmöglichkeiten. Außer den Untersuchungen verschiedenster Art, die sich auf geringe Änderungen der Gitterkonstante gründen, kann die vorliegende Methode noch zur Durchführung der qualitativen und vielleicht auch der quantitativen Phasenanalyse dienen. Diese Analysenmethode hat nämlich zum Ziel, die Anwesenheit einzelner Verbindungen (Phasen) in Mischungen zu entdecken, eine Aufgabe, die auf chemisch-analytischem Wege nur schwer und in vielen Fällen ganz unmöglich zu lösen ist. Die röntgenographische Analyse registriert dagegen die in einer Mischung sich befindenden Bestandteile nach ihren Gittern, wobei keine zwei Verbindungen vollständig gleiche Gitter besitzen. Da aber eine jede Verbindung eine größere Anzahl von Debye-Linien liefert, so ist es hier von größter Bedeutung, die Liniensysteme, die von den einzelnen Phasen der Mischung stammen, möglichst scharf erscheinen zu lassen, um die Vermessung und folglich auch das Erkennen der kristallinen Phasen möglichst zu erleichtern und sicherzustellen. Dieser Grundbedingung genügt die asymmetrische Methode vollkommen. Es ist weiter von Bedeutung, daß nach der Methode die Glanzwinkel sehr genau bestimmt werden können, ohne Standardsubstanzen zu gebrauchen, was ebenfalls die Phasenanalyse sehr erleichtert. Zu solchen Analysen wird die Methode deshalb in manchen Laboratorien schon gebraucht (z. B. im Anorganischen Institut der Universität Frankfurt a. M.). Die Empfindlichkeit der Phasenanalyse ist zur Zeit noch gering und hängt von verschiedenen Nebenumständen ab. So kann ein und derselbe Stoff, wenn er sich in einer Mischung von Verbindungen verschiedener Absorption befindet, je nach Umständen in größeren oder kleineren Mengen nachgewiesen werden. Ist z. B. Co mit Elementen ähnlichen Atomgewichts gemischt, so kann es noch in Mengen von 1% und weniger nachgewiesen werden; in Gegenwart von schweren Elementen, wie W, läßt sich Co oder Fe nur in Mengen von 3—2% feststellen. Im Falle sehr günstiger Umstände können jedoch noch 0,3 bis 0,2% und weniger der einzelnen Phasen erkannt werden. Die Vervollkommnung der Methode, besonders in quantitativer Richtung, bedarf jedoch noch weiterer, eingehender Untersuchungen.

5. Zur Frage der absoluten Größe der Gitterkonstante.

Die asymmetrische Methode erlaubt eine sehr hohe Genauigkeit der Gitterkonstantenbestimmung zu erreichen, die in manchen Fällen, wenn scharfe Linien vorliegen, sogar 1 : 200000 oder 0,0005% übertrifft. Doch sagt sie nichts darüber aus, wie weit die auf diesem Wege erhaltenen Konstanten sich der absoluten Größe nähern. Als Maßstab zur Messung der Gitterkonstanten dient die Konstante des Steinsalzes, die von SIEGBAHN aus der Dichte dieses Salzes, seinem Molekulargewicht, der LOSCHMIDTschen Zahl und der Zahl der Moleküle im Gitter zu 5,628 Å bei 18° C (eigentlich $d = 2{,}814$) berechnet wurde. Da aber mit der Erhöhung der Meßgenauigkeit bei den Winkelmessungen (ϑ) mehr Stellen sich in d als nötig erwiesen, so wurde von SIEGBAHN der Wert von Steinsalz *willkürlich* zu

$$d = 2{,}81400\ \text{Å} \text{ bei } 18^\circ\ \text{C}$$

gesetzt. Daraus ist ersichtlich, daß der obige Wert vom tatsächlichen etwas abweichen muß. Doch es besteht kein anderer Ausweg, und die so festgesetzte Konstante muß als Ausgangswert der Gitterkonstantenbestimmung angenommen werden. Unter Zugrundelegung des obigen Wertes für d wurden dann von SIEGBAHN am Steinsalz Präzisionsmessungen der mit verschiedenen Wellenlängen erhaltenen Glanzwinkel angestellt und daraus die Röntgenwellenlängen selbst berechnet. Da es sich aber bald herausstellte, daß das Steinsalz wegen seiner Mosaikstruktur nicht dieselbe Linienschärfe liefert wie z. B. Kalkspat, so ist Steinsalz seit 1919 nicht mehr für Präzisionsmessungen gebraucht worden. Die Messungen wurden deshalb von SIEGBAHN am Kalkspat fortgesetzt. Dieser Kristall, dessen Gitterkonstante wenig von der des Steinsalzes abweicht, erwies sich als wesentlich günstiger. Um die Messungen, welche mit diesen zwei verschiedenen Kristallen ausgeführt wurden, aufeinander beziehen zu können, machte SIEGBAHN 1919 eine experimentelle Bestimmung des Verhältnisses der beiden Gitterkonstanten unter Verwendung von drei verschiedenen Wellenlängen, nämlich CuK_{α_1}, FeK_{α_1} und SnL_{α_1}. Mit der obigen Gitterkonstante von Steinsalz wurde als Mittelwert für Kalkspat erhalten:

$$d_{18^\circ} = 3{,}02904\ \text{Å (oder } 3{,}02945 \text{ auf Brechung korrigiert).}$$

Hier geht natürlich auch derselbe Fehler hinein, der bei der Festsetzung der Gitterkonstante des Steinsalzes gemacht wurde. Auf dieselbe Weise sind die Konstanten mancher weiterer, für die Spektroskopie wichtiger kristalliner Stoffe bestimmt worden:

Quarz.	4,24602 Å
Gips	7,58470
Glimmer	9,94272

Man sieht, daß die Konstanten mit 5 Dezimalen angegeben sind. Die Bestimmungsgenauigkeit ist nicht wesentlich höher oder vielleicht dieselbe, wie das bei der asymmetrischen Methode der Fall ist. Die Resultate der Messungen sind somit vergleichbar. Als Ergebnis der SIEGBAHNschen Messungen liegen nun die Tabellen der Röntgenwellenlängen vor. Bestimmt man jetzt unter Zugrundelegung dieser Wellenlängen die Gitterkonstanten der erwähnten kristallinen Stoffe mit Hilfe einer genügend genauen Methode, so müßte man die SIEGBAHNschen Gitterkonstanten wieder erhalten. Diese Prüfung wurde nach der asymmetrischen Methode an zwei Stoffen, dem Steinsalz und dem Kalkspat, durchgeführt. Es ergab sich dabei in beiden Fällen eine etwas niedrigere Gitterkonstante als nach SIEGBAHN. Am Steinsalz konnte ein Wert festgestellt werden, der um etwa 0,006 % niedriger liegt als der zu erwartende — 5,62800 Å bei 18° C. Weiter zeigten die Untersuchungen, die am Steinsalz, aus 5 Lagerstätten stammend, durchgeführt wurden, daß die Gitterkonstanten innerhalb der Fehlergrenzen übereinstimmen. Letzteres kann aber durchaus nicht über den Kalkspat gesagt werden, wie das die Tabelle 16 zeigt. Aus den Proben wurden zur Untersuchung nur die schönsten Exemplare verwandt. Während die Schwankungen des rhomboedrischen Winkels α verhältnismäßig gering sind, so stößt man bei den d-Werten auf Unterschiede, die bei weitem die möglichen Fehler übersteigen. Auch die Gitterkonstanten des Kalkspates aus Island, mit dem gewöhnlich die Präzisionsmessungen der Röntgenwellenlängen durchgeführt werden, unterscheiden sich etwas voneinander. Alle Werte fallen jedoch niedriger als die SIEGBAHNschen aus. Am nächsten stehen noch die Konstanten des Islandspates, aber auch die sind um etwa 0,0155 % kleiner als der Standardwert, der als absolut anzusehen ist.

Tabelle 16. Gitterkonstanten des Kalkspates aus verschiedenen Lagerstätten bei 18° C.

Lagerstätte	α_g	d_{100} in Å
USSR.	113,227	3,02786
Steiermark	113,226	3,02812
Harz	113,225	3,02834
Unbekannt	113,225	3,02858
Island I Krist. . . .	113,225	3,02894
Island II Krist. . . .	113,221	3,02901
Nach SIEGBAHN . . .	113,241	3,02945

Demnach scheint es, daß die asymmetrische Methode etwas zu niedrige Konstanten als tatsächlich liefert. Deshalb müßten diejenigen Methoden, die von Standardsubstanzen ausgehen, höhere Resultate liefern als die asymmetrische. Ob das tatsächlich der Fall ist, soll die nächste Tabelle entscheiden, wo die Gitterkonstanten einiger Stoffe, nach der asymmetrischen Methode bestimmt, angeführt sind. Mit Δ ist der Unterschied angegeben, den man erhält, wenn man von diesen die

Konstanten von JETTE und FOOTE, die bis jetzt als die genauesten zu betrachten sind, abzieht[1].

Tabelle 17. Gitterkonstanten des Al und einiger nichtkubischer Stoffe, erhalten nach der asymmetrischen Methode bei 25° C. Δ-Unterschied zu den Konstanten von JETTE und FOOTE.

	a	Δ	c	Δ
Al	4,04145	+0,00006	—	—
Sn	5,81970	+0,00020	3,17488	−0,00012
Bi	4,53674	−0,00046	11,83834	+0,00024
Mg	3,20280	−0,00020	5,19983	−0,00038

Die Tabelle zeigt somit, daß die nach vorliegender Methode bestimmten Konstanten auf beiden Seiten der Konstanten nach JETTE und FOOTE liegen.

Entscheidend ist aber das sehr gut vermeßbare Al, das nach unserer Methode eine etwa um 0,00006 Å größere Konstante liefert. Die Abweichung gegenüber JETTE und FOOTE ist sehr gering und dabei nach der entgegengesetzten Seite, als nach Obigem zu erwarten! Auch die sehr genauen spektroskopischen Messungen an Cu-Einkristallen, die im Institut von W. KOSSEL durchgeführt wurden, lieferten eine Konstante von 3,60751 ± 0,00004 Å[2], die unserem früheren Messungsresultat (mit O. MELLIS) 3,6075[3] sehr nahe steht.

Daß man nach der asymmetrischen Methode keine durchweg niedrigeren Konstanten erhält, ist somit bewiesen: die absolute Größe der Konstanten ist ungefähr dieselbe, die man nach anderen präzisen Methoden erhält, doch ist die Bestimmungsgenauigkeit eine viel größere. Warum aber die von SIEGBAHN der Wellenmessung zugrunde gelegten Konstanten durch die vorliegende Methode nicht ganz erreicht werden, kann jetzt nicht beantwortet werden. Es bedarf hierzu noch weiterer Untersuchungen.

Zuletzt läßt sich die Frage erheben, ob eine weitere Steigerung der Genauigkeit noch möglich ist. Nach Meinung der Verfasser ist diese Frage positiv zu beantworten. Ein Vordringen ins Gebiet noch höherer Präzision ist durch weiteres Verfeinern der Methode und durch Photometrierung der Filme denkbar. Es ist immer schwierig, den Punkt der höchsten Schwärzung einer Linie mit dem Auge festzustellen. Das Photometer würde hier exakter arbeiten. Wieweit man jedoch auf diesem Wege kommen könnte, kann nur durch weitere eingehende Untersuchungen entschieden werden.

[1] JETTE, E. R., u. R. FOOTE: J. chem. Phys. **3**, 605 (1935) — Amer. Inst. Techn. Publ. Nr. 670 (1936).

[2] KOSSEL, W.: Ann. Physik **26**, 533 (1936). — VAN BERGEN, H., ebenda **33**, 737 (1938).

[3] STRAUMANIS, M., u. O. MELLIS: Z. Physik **94**, 184 (1935).

Anhang.

a) Gitterkonstanten und Ausdehnungskoeffizienten, bestimmt nach der asymmetrischen Methode. Zu den Aufnahmen wurden die reinsten Substanzen gewählt. Die Fehlerangabe bezieht sich auf die letzte Dezimale.

Substanz	Kristall-system	Aufnahme-temp. in ° C	a	c	$\alpha_1 \cdot 10^6$	$\alpha_2 \cdot 10^6$ ($\parallel c$)
Al	kub.	25	4,04145 ± 2	—	23,29	—
Ag	kub.	25	4,07784 ± 3	—	—	—
Bi	hexag.	25	4,53674 ± 4	11,83834 ± 4	—	—
Fe	kub.	22	2,8605 ± 3	—	—	—
Mg	hexag.	25	3,20280 ± 3	5,19983 ± 5	—	—
Pb	kub.	25	4,94006 ± 3	—	—	—
Si	kub,	23	5,41975 ± 5	—	—	—
Sn	tetrag.	25	5,81970 ± 2	3,17488 ± 5	16,77	32,24
Se	hexag.	18	4,35442 ± 4	4,94955 ± 2	74,09	−17,89
Te	hexag.	25	4,44755 ± 12	5,91487 ± 2	27,51	− 1,7
W	kub.	20	3,1586 ± 2	—	—	—
As_2O_3	kub.	23	11,05211 ± 10	—	—	—
LiF	kub.	25	4,01808 ± 4	—	34,17	—
LiCl	kub.	25	5,12952 ± 4	—	44,76	—
NaF	kub.	25	4,62345 ± 5	—	—	—
NaCl	kub.	18	5,62712 ± 3	—	40,49	—
NaBr	kub.	25	5,96095 ± 5	—	42,52	—
$Pb(NO_3)_2$	kub.	22,5	7,8401 ± 4	—	—	—
TlCl	kub.	25	3,83459 ± 4	—	54,57	—
TlBr	kub.	25	3,97778 ± 4	—	42,3	—

b) Wellenlängen der gebräuchlichsten *K*-Serien (nach SIEGBAHN).

Anode		λ	$\log\lambda$	$\log\lambda/2$
V	β	2,2797	0,357878	0,056848
	α_1	2,49835	0,397654	0,096624
	α_2	2,50213	0,398310	0,097280
Cr	β	2,08059	0,318187	0,017157
	α_1	2,28503	0,358892	0,057862
	α_2	2,28891	0,359629	0,058599
Fe	β	1,753013	0,243786	$\bar{1}$,942756
	α_1	1,932076	0,286025	$\bar{1}$,984995
	α_2	1,936012	0,286908	$\bar{1}$,985878
Co	β	1,61744	0,208828	$\bar{1}$,907798
	α_1	1,78529	0,251709	$\bar{1}$,950679
	α_2	1,78919	0,252657	$\bar{1}$,951627
Ni	β	1,49705	0,175237	$\bar{1}$,874207
	α_1	1,65450	0,218667	$\bar{1}$,917637
	α_2	1,65835	0,219676	$\bar{1}$,918646
Cu	β	1,38935	0,142812	$\bar{1}$,841782
	α_1	1,537395	0,186786	$\bar{1}$,885756
	α_2	1,541232	0,187868	$\bar{1}$,886838
Mo	β	0,630978	$\bar{1}$,800015	$\bar{1}$,498985
	α_1	0,707831	$\bar{1}$,849930	$\bar{1}$,548900
	α_2	0,712105	$\bar{1}$,852544	$\bar{1}$,551514

c) Quadratsummen der Indizes von 1—200.

In der Tabelle nicht angeführten Quadratsummen können in die Indizes *hkl* nicht aufgeteilt werden.

Σh^2	$\frac{1}{2}\log \Sigma h^2$	*hkl*
1*	0,000000	1, 0, 0
2*	0,150515	1, 1, 0
3	0,238562	1, 1, 1
4*	0,301030	2, 0, 0
5*	0,349485	2, 1, 0
6	0,389076	2, 1, 1
8*	0,451545	2, 2, 0
9*	0,477122	3, 0, 0; 2, 2, 1
10*	0,500000	3, 1, 0
11	0,520697	3, 1, 1
12	0,539591	2, 2, 2
13*	0,556972	3, 2, 0
14	0,573064	3, 2, 1
16*	0,602060	4, 0, 0
17*	0,615225	4, 1, 0; 3, 2, 2
18*	0,627637	4, 1, 1; 3, 3, 0
19	0,639377	3, 3, 1
20*	0,650515	4, 2, 0
21	0,661110	4, 2, 1
22	0,671212	3, 3, 2
24	0,690106	4, 2, 2
25*	0,698970	5, 0, 0; 4, 3, 0
26*	0,707487	5, 1, 0; 4, 3, 1
27	0,715682	5, 1, 1; 3, 3, 3
29*	0,731199	4, 3, 2; 5, 2, 0
30	0,738561	5, 2, 1
32*	0,752575	4, 4, 0
33	0,759257	5, 2, 2; 4, 4, 1
34*	0,765740	5, 3, 0; 4, 3, 3
35	0,772034	5, 3, 1
36*	0,778152	6, 0, 0; 4, 4, 2
37*	0,784101	6, 1, 0
38	0,789892	6, 1, 1; 5, 3, 2
40*	0,801030	6, 2, 0
41*	0,806392	6, 2, 1; 5, 4, 0; 4, 4, 3
42	0,811625	5, 4, 1
43	0,816734	5, 3, 3
44	0,821727	6, 2, 2
45*	0,826607	6, 3, 0; 5, 4, 2
46	0,831379	6, 3, 1
48	0,840621	4, 4, 4
49*	0,845098	7, 0, 0; 6, 3, 2
50*	0,849485	7, 1, 0; 5, 5, 0; 5, 4, 3
51	0,853785	7, 1, 1; 5, 5, 1
52*	0,858002	6, 4, 0
53*	0,862138	7, 2, 0; 6, 4, 1
54	0,866197	7, 2, 1; 6, 3, 3; 5, 5, 2
56	0,674094	6, 4, 2
57	0,877938	7, 2, 2; 5, 4, 4
58*	0,881714	7, 3, 0
59	0,885426	7, 3, 1; 5, 5, 3
61*	0,892665	6, 5, 0; 6, 4, 3
62	0,896196	7, 3, 2; 6, 5, 1
64*	0,903090	8, 0, 0
65*	0,906457	8, 1, 0; 7, 4, 0; 6, 5, 2
66	0,909772	8, 1, 1; 7, 4, 1; 5, 5, 4
67	0,913038	7, 3, 3
68*	0,916255	8, 2, 0; 6, 4, 4
69	0,919425	8, 2, 1; 7, 4, 2
70	0,922549	6, 5, 3
72*	0,928666	8, 2, 2; 6, 6, 0
73*	0,931662	8, 3, 0; 6, 6, 1
74*	0,934616	8, 3, 1; 7, 5, 0; 7, 4, 3
75	0,937531	7, 5, 1; 5, 5, 5
76	0,940407	6, 6, 2
77	0,943246	8, 3, 2; 6, 5, 4
78	0,946048	7, 5, 2
80*	0,951545	8, 4, 0
81*	0,954243	9, 0, 0; 8, 4, 1; 7, 4, 4; 6, 6, 3
82*	0,956907	9, 1, 0; 8, 3, 3
83	0,959539	9, 1, 1; 7, 5, 3
84	0,962140	8, 4, 2
85*	0,964710	9, 2, 0; 7, 6, 0
86	0,967249	9, 2, 1; 7, 6, 1; 6, 5, 5
88	0,972242	6, 6, 4
89*	0,974695	9, 2, 2; 8, 5, 0; 8, 4, 3; 7, 6, 2
90*	0,977122	9, 3, 0; 8, 5, 1; 7, 5, 4
91	0,979521	9, 3, 1
93	0,984242	8, 5, 2
94	0,986564	9, 3, 2; 7, 6, 3
96	0,991136	8, 4, 4
97*	0,993386	9, 4, 0; 6, 6, 5
98*	0,995613	9, 4, 1; 8, 5, 3; 7, 7, 0
99	0,997818	9, 3, 3; 7, 7, 1; 7, 5, 5
100*	1,000000	10, 0, 0; 8, 6, 0

* Auch gebräuchlich für die tetragonale Prismenzone.

Σh^2	$\frac{1}{2}\log \Sigma h^2$	hkl
101*	1,002161	10, 1, 0; 9, 4, 2; 8, 6, 1; 7, 6, 4
102	1,004300	10, 1, 1; 7, 7, 2
104*	1,008517	10, 2, 0; 8, 6, 2
105	1,010595	10, 2, 1; 8, 5, 4
106*	1,012653	9, 5, 0; 9, 4, 3
107	1,014692	9, 5, 1; 7, 7, 3
108	1,016712	10, 2, 2; 6, 6, 6
109*	1,018713	10, 3, 0; 8, 6, 3
110	1,020697	10, 3, 1; 9, 5, 2; 7, 6, 5
113*	1,026539	10, 3, 2; 9, 4, 4; 8, 7, 0
114	1,028453	8, 7, 1; 8, 5, 5; 7, 7, 4
115	1,030349	9, 5, 3
116*	1,032229	10, 4, 0; 8, 6, 4
117*	1,034093	10, 4, 1; 9, 6, 0; 8, 7, 2.
118	1,035941	10, 3, 3; 9, 6, 1
120	1,039591	10, 4, 2
121*	1,041393	11, 0, 0; 9, 6, 2; 7, 6, 6
122*	1,043180	11, 1, 0; 9, 5, 4; 8, 7, 3
123	1,044953	11, 1, 1; 7, 7, 5
125*	1,048455	11, 2, 0; 10, 5, 0; 10, 4, 3; 8, 6, 5
126	1,050186	11, 2, 1; 10, 5, 1 9, 6, 3
128*	1,053605	8, 8, 0
129	1,055295	11, 2, 2; 10, 5, 2; 8, 8, 1; 8, 7, 4
130*	1,056972	11, 3, 0; 9, 7, 0
131	1,058636	11, 3, 1; 9, 7, 1; 9, 5, 5
132	1,060287	10, 4, 4; 8, 8, 2
133	1,061926	9, 6, 4
134	1,063553	11, 3, 2; 10, 5, 3; 9, 7, 2; 7, 7, 6
136*	1,066770	10, 6, 0; 8, 6, 6
137*	1,068361	11, 4, 0; 10, 6, 1; 8, 8, 3
138	1,064940	11, 4, 1; 8, 7, 5
139	1,071508	11, 3, 3; 9, 7, 3
140	1,073064	10, 6, 2
141	1,074610	11, 4, 2; 10, 5, 4
142	1,076144	9, 6, 5
144*	1,079181	12, 0, 0; 8, 8, 4
145*	1,080684	12, 1, 0; 10, 6, 3; 9, 8, 0
146*	1,082177	12, 1, 1; 11, 5, 0; 11, 4, 3; 9, 8, 1; 9, 7, 4
147	1,083659	11, 5, 1; 7, 7, 7
148*	1,085131	12, 2, 0
149*	1,086593	12, 2, 1; 10, 7, 0; 9, 8, 2; 8, 7, 6
150	1,088046	11, 5, 2; 10, 7, 1; 10, 5, 5
152	1,090922	12, 2, 2; 10, 6, 4
153*	1,092346	12, 3, 0; 11, 4, 4; 10, 7, 2; 9, 6, 6; 8, 8, 5
154	1,093761	12, 3, 1; 9, 8, 3
155	1,095166	11, 5, 3; 9, 7, 5
157*	1,097950	12, 3, 2; 11, 6, 0
158	1,099329	11, 6, 1; 10, 7, 3
160*	1,102060	12, 4, 0
161	1,103413	12, 4, 1; 11, 6, 2; 10, 6, 5; 9, 8, 4
162*	1,104758	12, 3, 3; 11, 5, 4; 9. 9, 0; 8, 7, 7
163	1,106094	9, 9, 1
164*	1,107422	12, 4, 2; 10, 8, 0; 8, 8, 6
165	1,108742	10, 8, 1; 10, 7, 4
166	1,110054	11, 6, 3; 9, 9, 2; 9, 7, 6
168	1,112655	10, 8, 2
169*	1,113944	13, 0, 0; 12, 5, 0; 12, 4, 3
170*	1,115225	13, 1, 0; 12, 5, 1; 11, 7, 0; 9, 8, 5
171	1,116498	13, 1, 1; 11, 7, 1; 11, 5, 5; 9, 9, 3
172	1,117764	10, 6, 6
173*	1,119023	13, 2, 0; 12, 5, 2; 11, 6, 4; 10, 8, 3
174	1,120275	13, 2, 1; 11. 7, 2; 10, 7, 5
176	1,122757	12, 4, 4
177	1,123987	13, 2, 2; 8, 8, 7
178*	1,125210	13, 3, 0; 12, 5, 3; 9, 9, 4
179	1 126427	13, 3, 1; 11, 7, 3; 9, 7, 7
180*	1,127637	12, 6, 0; 10, 8, 4
181*	1,128840	12, 6, 1; 10, 9, 0; 9, 8, 6

* Auch gebräuchlich für die tetragonale Prismenzone.

Σh^2	$\frac{1}{2}\log\Sigma h^2$	hkl	Σh^2	$\frac{1}{2}\log\Sigma h^2$	hkl
182	1,130036	13, 3, 2; 11, 6, 5; 10, 9, 1	193*	1,142779	12, 7, 0; 11, 6, 6
184	1,132409	12, 6, 2	194*	1,143901	13, 5, 0; 13, 4, 3; 12, 7, 1; 12, 5, 5; 11, 8, 3; 9, 8, 7
185*	1,133586	13, 4, 0; 12, 5, 4; 11, 8, 0; 10, 9, 2; 10, 7, 6	195	1,145018	13, 5, 1; 11, 7, 5
186	1,134757	13, 4, 1; 11, 8, 1; 11, 7, 4	196*	1,146128	14, 0, 0; 12, 6, 4
187	1,135921	13, 3, 3; 9, 9, 5	197*	1,147233	14, 1, 0; 12, 7, 2; 10, 9, 4
189	1,138231	13, 4, 2; 12, 6, 3; 11, 8, 2; 10, 8, 5	198	1,148333	14, 1, 1; 13, 5, 2; 10, 7, 7; 9, 9, 6
190	1,139377	10, 9, 3	200*	1,150515	14, 2, 0; 10, 10, 0; 10, 8, 6
192	1,141651	8, 8, 8			

* Auch gebräuchlich für die tetragonale Prismenzone.

d) Verzeichnis der Arbeiten, die zur Entwicklung der asymmetrischen Methode beitrugen.

Straumanis, M., u. C. Strenk, Über das Zinn (2)-Oxyd. Z. anorg. Chem. **213**, 301 (1933).

Straumanis, M., u. O. Mellis, Präzisionsaufnahmen nach dem Verfahren von Debye und Scherrer. Z. Physik **94**, 184 (1935).

Straumanis, M., u. A. Cīrulis, Über das gelbe Kupfer (1)-Oxyd. Z. anorg. Chem. **224**, 107 (1935).

Straumanis, M., u. Ieviņš, Präzisionsbestimmung von Glanzwinkeln und Gitterkonstanten nach der Methode von Debye und Scherrer. Naturwiss. **23**, 833 (1935).

Straumanis, M., u. A. Ieviņš, Präzisionsaufnahmen nach dem Verfahren von Debye und Scherrer II. Z. Physik **98**, 461 (1936).

Ieviņš, A., u. M. Straumanis, Experimentelle oder rechnerische Fehlerelimination bei Debye-Scherrer-Aufnahmen? Z. Kristallogr. **94**, 40 (1936).

Ieviņš, A., u. M. Straumanis, Die Gitterkonstante des reinsten Aluminiums. Z. physik. Chem. B **33**, 256 (1936).

Straumanis, M., u. A. Ieviņš, Die Gitterkonstanten des NaCl und des Steinsalzes. Z. Physik **102**, 353 (1936).

Straumanis, M., u. E. Ence, Über das System $Zn[Hg(CNS)_4]$ — $Cu[Hg(CNS)_4]$, Z. anorg. Chem. **228**, 334 (1936).

Ieviņš, A., u. M. Straumanis, Nachtrag zur Arbeit „Die Gitterkonstante des reinsten Aluminiums“. Z. physik. Chem. B **34**, 402 (1936).

Ieviņš, A., u. M. Straumanis, Bemerkung zur Arbeit von M. U. Cohen: „The Elimination of Systematic Errors in Powder Photographs“. Z. Kristallogr. **95**, 451 (1936).

Straumanis, M., Die Löslichkeit von Cu-Ionen im $Cd[Hg(CNS)_4]$. Z. anorg. Chem. **233**, 201 (1937).

Straumanis, M., u. N. Brakšs, Der Aufbau der Bi-Cd-, Sn-Zn-, Sn-Cd- und Al-Si-Eutektika. Z. physik. Chem. B **38**, 140 (1937),

Ieviņš, A., M. Straumanis u. K. Karlsons, Präzisionsbestimmung von Gitterkonstanten hygroskopischer Verbindungen. Z. physik. Chem. B **40**, 146 (1938).

STRAUMANIS, M., u. A. IEVIŅŠ, Die Bestimmung von Ausdehnungskoeffizienten nach der Pulver- und der Drehkristallmethode. Z. anorg. Chem. **238**, 175 (1938).

STRAUMANIS, M., u. A. IEVIŅŠ, Die Drehkristallmethode als Präzisionsverfahren und deren Vergleich mit der Pulvermethode. Z. Physik **109**, 728 (1938).

IEVIŅŠ, A., M. STRAUMANIS u. K. KARLSONS, Die Präzisionsbestimmung von Gitterkonstanten nichtkubischer Stoffe (Bi, Mg, Sn). Z. physik. Chem. **40**, 347 (1938).

STRAUMANIS, M., A. IEVIŅŠ u. K. KARLSONS, Hängt die Gitterkonstante von der Wellenlänge ab? Präzisionsbestimmungen von Gitterkonstanten des LiF, NaF, As_2O_3, TlCl und TlBr. Z. physik. Chem. B **42**, 143 (1939).

IEVIŅŠ, A., u. K. KARLSONS, Der Einfluß des Kameradurchmessers und der Blendenform auf die Größe der Gitterkonstante. Z. Physik **112**, 350 (1939).

STRAUMANIS, M., Die Gitterkonstanten und Ausdehnungskoeffizienten des Selens und Tellurs. Z. Kristallogr. (im Druck) (1940).

Sachverzeichnis.